高等职业教育计算机类系列教材

After Effects CC 2017
动画与影视后期技术实例教程

主　　编　田　博

副主编　田　冰

参　　编　崔建伟　温晓红　姜　淼　孙世亮

U0259593

机械工业出版社

本书主要讲解目前国内应用最为广泛的动画数字后期合成软件之一的 Adobe After Effects，通过本书可以全面地学习 After Effects 的基本功能和高级制作技巧。书中以实例的方式讲解了 After Effects 的工作界面、工作流程、颜色校正、蒙版与遮罩、键控技术、三维空间、流动光效、文字特效、常用模拟特效、常用特效插件、电视栏目包装合成等动画数字后期技巧。本书以实例为导向，避免了过多软件命令参数的讲解，使读者从项目训练中逐渐掌握软件的使用方法，激发学生学习的兴趣和积极性，从而达到掌握该软件的目的。

　　本书适合作为高职高专影视多媒体技术、数字传媒艺术、动漫设计与制作等专业的相关教材，也可作为动画、影视设计等方面的培训用书，还可供从事相关工作的技术人员参考。

　　为了方便教学，本书配备电子课件等教学资源。凡选用本书作为教材的教师均可登录机械工业出版社教育服务网 www.cmpedu.com 下载，或发送电子邮件至 cmpgaozhi@sina.com 索取。咨询电话：010-88379375。

图书在版编目（CIP）数据

After Effects CC 2017 动画与影视后期技术实例教程/田博主编.
—北京：机械工业出版社，2017.10（2025.1 重印）
高等职业教育计算机类系列教材
ISBN 978-7-111-58263-2

Ⅰ．①A…　Ⅱ．①田…　Ⅲ．①图象处理软件—高等职业教育—教材
Ⅳ．①TP391.413

中国版本图书馆 CIP 数据核字（2017）第 253747 号

机械工业出版社（北京市百万庄大街 22 号　邮政编码 100037）
策划编辑：王玉鑫　　　责任编辑：王玉鑫
封面设计：马精明　　　责任校对：佟瑞鑫
责任印制：李　昂
北京捷迅佳彩印刷有限公司印刷
2025 年 1 月第 1 版第 8 次印刷
184mm×260mm · 13.75 印张 · 297 千字
标准书号：ISBN 978-7-111-58263-2
定价：42.00 元

电话服务　　　　　　　　　　　网络服务
客服电话：010-88361066　　　机　工　官　网：www.cmpbook.com
　　　　　010-88379833　　　机　工　官　博：weibo.com/cmp1952
　　　　　010-68326294　　　金　书　网：www.golden-book.com
封底无防伪标均为盗版　　　机工教育服务网：www.cmpedu.com

前 言
Foreword

AE

近年来，电影、电视、网络短片等相关行业的迅猛发展带动了动画数字后期制作技术的快速提升。After Effects 以其友好的工作界面、强大的功能，已被广泛地应用于影视、广告片头、视频短片的制作中。同时，多媒体传媒行业的快速发展造成了对影视制作从业人员的大量需求。为适应行业的人才需求，各高等院校和职业院校竞相开设动画专业、数字艺术专业、影视制作专业等，推动了动画数字后期合成技术在专业教育领域的迅速发展。

Adobe 公司的 After Effects 是国内目前使用最为广泛的动画数字后期合成软件之一，因其操作便捷、功能强大等特点而受到广大影视动画设计行业的从业者所喜爱，基于 After Effects 的动画数字后期课程也成为各院校动画设计、影视制作等相关专业的必修课程。

本书内容丰富，结构清晰，以动画后期设计师的岗位职业能力要求为出发点，强调实践操作能力。其中的实例是由有着多年教学经验的优秀教师和有着丰富实践经验的企业制作人员从多年的教学和实际工作中总结出来的。通过本书的学习，学生能够熟练掌握动画数字后期合成的方法和基本流程，并能够运用动画数字后期合成方法、利用 After Effects 软件完成难度较高的动画后期制作任务。本书内容计划为 80 学时，作为职业院校教材使用时可根据实际教学安排进行适当调整。

本书由辽宁机电职业技术学院田博任主编，辽东学院艺术与设计学院田冰任副主编，参与编写的还有辽宁机电职业技术学院的崔建伟、温晓红，丹东广播电视台新闻中心的姜淼，黑龙江节点动画有限公司的孙世亮。其中第 1、2、9、10、11 章由田博编写，第 3、4、5、6 章由田冰编写，第 7 章由崔建伟编写，第 8 章由温晓红、姜淼、孙世亮共同编写。

由于编者水平有限，书中难免存在疏漏和不妥之处，恳请广大师生和读者不吝指正。

编 者

目 录
CONTENTS

第1章

课程介绍与软件基础入门

Adobe After Effects 简称"AE"是 Adobe 公司推出的一款图像视频处理软件，适用于从事设计和视频特技制作的机构，包括电视台、动画制作公司、个人后期制作工作室以及多媒体工作室等，属于层类型后期软件。

教学目标与知识点

教学目标	1）了解"动画数字后期技术"课程的学习内容。 2）了解本门课程在专业中的地位与作用。 3）掌握 After Effects CC 2017 的基础知识。
知识点	1）After Effects 的发展史。 2）After Effects 的特点。 3）After Effects 在行业中的应用。

【授课建议】

总学时：2 学时（90min）

教 学 内 容	教 学 手 段	建议时间安排/min
课程介绍	动画数字后期作品欣赏与讲解	10
After Effects 特点及应用	图片演示并讲解	25
After Effects 发展史	讲解	15
行业优秀作品欣赏	图片与视频演示并讲解	25
其他动画数字后期软件介绍	图示演示讲解	10
课程总结 布置课后作业与练习	讲解	5

1.1 课程介绍

本课程是面对高等院校影视、设计类专业开设的核心课程，是一门学习影视制作和动画数字后期制作的重要专业课程。课程使学生通过对 Adobe After Effects 的学习掌握动画数字后期的基本知识。通过大量的训练可以利用软件完成影视后期合成的制作任务。

本课程在整个专业人才培养方案中占有重要的地位，是重要的专业核心课程之一，不仅是今后就业的重要职业技能，同时也是"影视广告制作""建筑环游动画""动画短片制作"等重要专业课程的技能基础。本课程要求学生具有一定的美术基础、计算机操作技能和软件应用知识，如图 1-1 所示。

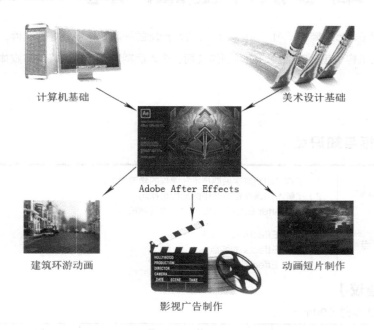

图 1-1　本课程在课程体系中的地位

1.2 Adobe After Effects 介绍

Adobe After Effects 简称"AE"是 Adobe 公司出品的一款视频特效处理软件，用于 2D 和 3D 合成、动画以及视觉效果制作，可以快速制作电影视觉效果、精美的 3D 动画、复杂的动态影像，帮助用户精确高效地创建各种引人注目的动态图形和震撼人心的视觉效果；是从事动画数字后期制作、影视后期合成的重要工具，在高等院校的数字艺术类专业中动画数字后期技术已经成为重要的专业核心课程。Adobe After Effects CC 2017 启动界面如图 1-2 所示。

图 1-2　Adobe After Effects CC 2017 启动界面

1.2.1　Adobe After Effects CC 2017 的特点及应用领域

动画数字后期软件众多，After Effects 是目前使用最为广泛的数字后期合成软件，与其他后期合成软件相比它有着明显的特点及优势：

1）Photoshop 中层的引入，使 AE 可以对多层合成图像进行控制，制作出天衣无缝的合成效果。

2）关键帧、路径的引入，对控制高级的二维动画游刃有余。

3）高效的视频处理系统，确保了高质量视频的输出。

4）令人眼花缭乱的特技系统使 AE 能实现使用者的一切创意。

5）After Effects 保留有 Adobe 软件优秀的相互兼容性。在 After Effects 中可以非常方便地调入 Photoshop、Illustrator 的层文件，Premiere 的项目文件也可以近乎完美地出现在 After Effects 中。

6）After Effects 具有功能开放性的特点，允许用户通过加入第三方软件商开发的特效插件程序，来进一步丰富视频特效的编辑处理功能，使用户可以轻松地制作出精美的视频特效。

在应用领域方面，After Effects 被广泛地应用于动画制作、电视广告、影视特效、多媒体与网络视频制作等众多领域。

1）在动画制作方面的应用，包括动画特效制作、动画后期处理等，如图 1-3 所示，就业岗位主要是动画制作公司等单位。

图 1-3　动画特效与动画后期作品

2）在电视广告方面的应用，包括电视广告片头和电视栏目包装等，如图1-4所示，就业岗位主要是影视广告公司、电视台等单位。

图1-4　电视广告片头和电视栏目包装作品

3）在影视特效方面的应用，包括电影后期处理和电影特效制作等，如图1-5所示，就业岗位主要是影视特效公司和电影制作公司等单位。

图1-5　电影后期处理和电影特效作品

4）多媒体与网络视频制作方面的应用，包括多媒体演示制作、视频后期处理等，就业岗位主要是数字传媒公司、大型网络公司等单位。

1.2.2　Adobe After Effects 发展史

After Effects 最早是由在 Rhode Island 的 Providence 的一个小小的公司创造的。这个公司在 1990 年 6 月正式成立，公司全称 Company of Science and Art，简称 CoSA。

版本开发及发布：

1990 年 9 月 PACo 开发开始。

1991 年 5 月 PACo 1.0 和 QuickPics 1.0 发布。

1992 年 2 月 PACo Producer 2.0 发布。

1992 年 4 月 Lort 开发开始。

1992 年 6 月 Egg 开发开始。

1993 年 1 月 After Effects 1.0 发布。

1993 年 5 月 After Effects 1.1 发布。

1994 年 1 月 After Effects 2.0（Teriyaki）发布。

1995 年 10 月 After Effects 3.0（Nimchow）发布。

1996 年 4 月 After Effects 3.1 发布。

1997 年 5 月 After Effects 3.1 Windows 版本（Dancing Monkey）发布。

1999 年 1 月 After Effects 4.0（ebeer）发布。

1999 年 9 月 After Effects 4.1（Batnip）发布。

2001 年 4 月 After Effects5.0 发布。

2002 年 1 月 After Effects5.5 发布。

2003 年 8 月 After Effects6.0 发布。

2005 年 6 月 After Effects6.5 发布。

2006 年 1 月 After Effects7.0 发布。

2007 年 7 月 After Effects CS3（After Effects 8.0）发布。

2008 年 2 月 After Effects CS3 升级 8.0.2。

2008 年 9 月 After Effects CS4（After Effects 9.0）发布。

2008 年 12 月 After Effects CS4 升级 9.0.1。

2009 年 5 月 After Effects CS4 升级 9.0.2。

2010 年 10 月 After Effects CS4 升级 9.0.3。

2011 年 4 月 After Effects CS5 发布。

2012 年 4 月 26 日 After Effects CS6 正式发布。

2013 年 6 月 18 日 After Effects CC 正式发布。

2014 年 6 月 After Effects CC 更新。

2015 年 3 月 After Effects CC 2015.3 更新。

2016 年 10 月 After Effects CC 2017 更新。

1.3 其他动画数字后期软件介绍

1. Autodesk Flame

Flame 是 Autodesk 公司（欧特克）开发运行在 SGI 工作站上的一款高端电影剪辑和特效制作系统，是用于高速合成、高级图形和客户驱动的交互设计的终极视觉特效制作系统。Flame 提供了出色的性能和荣获奥斯卡奖的工具。从全国性的电视广告片和音乐电视到风靡一时的电影，Flame 为视觉特效艺术家成功完成制作项目提供了所需的交互性和灵活性，如图 1-6 所示。

2. Autodesk Smoke

Smoke 是一款集多功能一体化的编辑及后期制作软件，Autodesk Smoke 软件带来了集多功能一体化的专业后期制作工具，可以帮助客户在 Mac 上完成后期制作流程。Smoke 通过基于时间线的整体创意环境提供了经验证的 Autodesk 创意后期制作工具。这个熟悉的工作流程使其更加易于学习和使用。无论你从头开始编辑项目还是套用非线性编辑中的工作流程，Smoke 中强大的创意工具都可以帮助你完成高质量的后期制作。在工作流程中使用 Smoke 可以节省大量时间，因为你可以在一款软件中完成所有的后期制作任务，如图 1-7 所示。

图 1-6　Autodesk Flame　　　　　　图 1-7　Autodesk Smoke

3. Digital Fusion

Digital Fusion 是最好的视频合成软件之一，能支持 Adobe After Effect 的 plugin 和世界上著名的 5D 和抠像插件 ULTIMATTE，是基于流程线和动画曲线的合成软件之一。非常适合操作 Maya、Softimage3D 软件的动画师使用。它在电影、高清晰电视、广播电视制作中得到了广泛的应用，它是 PC 操作平台上第一个 64 位的合成软件，支持 64 位色彩深度的颜色校正，这是以前 SGI 操作平台合成软件独有的技术，它的网络渲染工具 Render Node 可以多线程、多任务实时渲染预览，它的网络渲染模式和宽太相近。它支持 PC、SGI 等操作平台上的图像文件格式，支持 Z 通道*.rla 图像格式文件，支持多处理器，如图 1-8 所示。

4. NUKE

NUKE 是由 The Foundry 公司研发的一款数码节点式合成软件。已经过 10 多年的历练，曾获得学院奖（Academy Award）。为艺术家们提供了创造具有高质量相片效果图像的方法。NUKE 无须专门的硬件平台，但却能为艺术家提供组合和操作扫描的照片、视频板以及计算机生成图像的灵活、有效、节约和全功能的工具。在数字领域，NUKE 已被用于近百部影片和数以百计的商业和音乐电视，如图 1-9 所示。

图 1-8　Digital Fusion　　　　　　图 1-9　NUKE

1.4　Adobe After Effects 系统要求

1. Windows

1）具有支持 64 位的多核 Intel 处理器。

2）Microsoft® Windows® 7 Service Pack 1（64 位）、Windows 8（64 位）、Windows 8.1（64 位）或 Windows 10（64 位）。

3）4GB RAM（建议 8GB）。

4）5GB 可用硬盘空间，安装过程中需要额外可用空间（无法安装在可移动闪存设备上）。

5）用于磁盘缓存的额外磁盘空间（建议 10GB）。

6）1280×1080 像素显示器。

7）可选：Adobe 认证的 GPU 显卡，用于 GPU 加速的光线追踪 3D 渲染器。

2. Mac OS

1）具有支持 64 位的多核 Intel 处理器。

2）macOS v10.10（Yosemite）、10.11（El Capitan）或 10.12（Sierra）。

3）4GB RAM（建议 8GB）。

4）6 GB 可用硬盘空间，安装过程中需要额外可用空间（无法安装在使用区分大小写的文件系统的卷上或可移动闪存设备上）。

5）用于磁盘缓存的额外磁盘空间（建议 10GB）。

6）1440×900 像素显示器。

7）可选 Adobe 认证的 GPU 显卡，用于 GPU 加速的光线追踪 3D 渲染器。

 课后作业与练习

学生们利用课余时间收集动画数字后期合成作品，包括静帧图片和视频，可以在课堂上展示自己收集的作品，提高大家的学习兴趣。

第 2 章

After Effects 基础知识

　　After Effects 对于设计者来说就是一种工具，就像我们使用现实的设计工具一样，只有了解了它的使用方式和特点，才能更熟练地应用它，从而创作出优秀的作品。

　　为使大家对于 After Effects 的工作方式有一个整体的了解，本章将从 After Effects 的工作界面、模板设置、基础参数、工作流程等几个方面进行讲解。

教学目标与知识点

| 教学目标 | 1）了解 After Effects 的工作界面。
2）具备基本的软件操作能力。
3）掌握 After Effects 初始化设置的方法。
4）掌握 After Effects 基本的工作流程。 |

| 知 识 点 | 1）导入素材的方法。
2）选择、编辑素材的方法。
3）不同帧速率模板的设置方法。
4）After Effects 的工作流程。 |

【授课建议】

总学时：4 学时（180min）

教 学 内 容	教 学 手 段	建议时间安排/min
After Effects CC 2017 的工作界面	软件操作演示讲解	5
项目设置	软件演示讲解 学生操作	15
首选项设置		25
After Effects 常规工作流程概述		30
After Effects 工作流程实例	效果演示与操作讲解 学生操作	100
课程总结 布置课后作业与练习	讲解	5

2.1　After Effects CC 2017 的工作界面

当我们启动 After Effects CC 2017 时将弹出"使用 Adobe After Effects"的开始界面，界面上显示了最近使用项、新建项目、打开项目、新建团队项目（需额外购买）、打开团队项目（需额外购买）、开始新任务等选项，如图 2-1 所示。我们选择了相应的选项以后，将会看到 After Effects CC 2017 默认的工作界面如图 2-2 所示。

图 2-1　After Effects CC 2017 开始界面

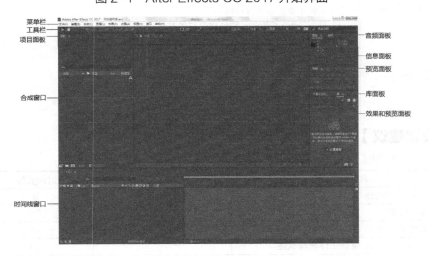

图 2-2　After Effects CC 2017 默认的工作界面

After Effects CC 2017 的工作界面，主要由菜单栏、工具栏、项目面板、合成窗口、时间线窗口、效果和预设面板、库面板、预览面板、信息面板、音频面板等控制区组成。

（1）菜单栏　在界面的最上方是菜单栏，与 Windows 操作系统的多数程序一样，菜单栏包含了程序中的绝大多数命令。

（2）工具栏　以图标的方式显示，包含了软件的常用工具。

（3）项目面板　相当于仓库，用于放置项目、视频、音频、静帧文件等素材。

（4）合成窗口　位于界面的中心区域，用于显示素材的编辑效果。

（5）时间线窗口　用于剪辑各图层的长度，以及设置各图层的关系等。

（6）效果和预设面板　用于指定素材效果和预设动画。

（7）库面板　用于组织、浏览和访问多种创意资源。

（8）预览面板　用于动画的播放。

（9）信息面板　用于显示素材的各种信息。

（10）音频面板　用于控制音频素材。

2.2　After Effects 初始化设置

首次启动 After Effects 时，第一步就是要进行初始化设置。After Effects 默认为 NTSC（30 帧/秒）的制式，而我国用的是 PLA（25 帧/秒）的制式。本书所说的初始化设置是针对电视而言的，如果是其他视频作品编辑，则需选用相应的初始化设置。

2.2.1　项目设置

在每次工作前，我们要根据工作需要对项目进行一些常规的设置。项目设置分为四个基本类别：项目的渲染方式、项目中显示时间的方式、项目中处理颜色数据的方式以及音频的采样率设置。在这些设置中，颜色设置是你在项目中完成很多工作之前需要考虑的设置，因为它们确定在你导入素材文件时如何解释颜色数据、在你工作时如何执行颜色计算以及如何为最终输出转换颜色数据。

在菜单栏中选择"文件"→"项目设置"命令，将弹出"项目设置"面板，如图 2-3 所示。

图 2-3　"项目设置"面板

1．视频渲染和效果

（1）Mercury GPU 加速（OpenCL） 与 CPU 渲染相比，GPU 加速效果可以在 8-bpc 项目中以细微的颜色精确度差异进行渲染。

（2）仅 Mercury 软件　使用 Mercury 软件渲染项目。

2．时间显示样式

（1）时间码　在"时间轴""图层"和"素材"面板的时间标尺中将时间显示为时间码。

素材开始时间："使用媒体源"（素材源时间码）或 00:00:00:00。

（2）帧数　显示帧数，而不是时间。为方便起见，当执行与基于帧的应用程序或格式（如 Flash 或 SWF）结合的工作时，常使用此设置。要使用"帧数"，请选择"帧数"并取消对"英尺数+帧数"的选择。

1）英尺数+帧数：显示胶片的英尺数以及帧数（不足 1ft 用帧数表示）。

2）帧计数：确定"帧数"的时间显示样式的起始数。

时间码转换：项目的时间码值用于起始数（如果项目有源时间码）。如果没有时间码值，计数将从零开始。"时间码转换"会导致 After Effects 表现为像在以前版本中那样，其中所有资源的帧计数和时间码计数在数学上都是等价的。

开始位置 0：帧的计数始于零。

开始位置 1：帧的计数始于一。

3．颜色设置

（1）深度　可以对项目中所使用的颜色深度进行设置。一般在 PC 上使用时，"每通道 8 位"的色彩深度就可以满足要求。当然，当有更高的画面要求的时候，如制作电影或者高清影片时，可以选择"每通道 16bit"或"每通道 32bit"的色彩深度。

（2）工作空间　下拉列表中可以指定工作空间所使用的颜色模式。

4．音频设置

用于指定合成中音频所使用的采样率，一般情况下使用 48kHz 采样。

2.2.2　首选项设置

在菜单栏中选择"编辑"→"首选项"命令，将弹出"首选项"面板，如图 2-4 所示。其中的大部分设置保持默认即可。下面对比较重要的首选项设置进行说明。

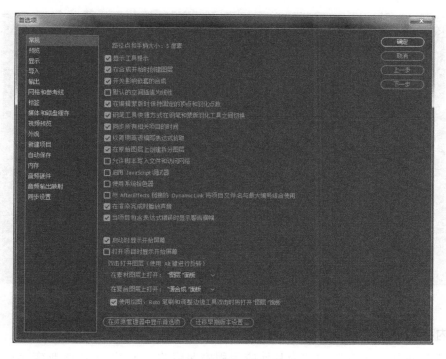

图 2-4　"首选项"面板

1.　导入

由于国内应用的是 PLA 制影片的帧速率即 25 帧/秒，所以可将序列素材的导入方式改为 25 帧/秒，如图 2-5 所示。

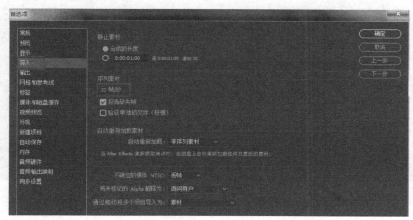

图 2-5　导入设置

2.　媒体和磁盘缓存

可以在"磁盘缓存"选项中，根据硬盘大小指定一个较大的空间作为磁盘缓存，也可以将预演过的内容保持在指定的磁盘内，下次对内容进行修改后，仅计算新改动的内容，这样可以大大提高预演速度。单击"选择文件夹"按钮，可以指定硬盘上的目录作为缓存区。"最大磁盘缓存大小"设置栏中输入缓存盘的大小，如图 2-6 所示。

图 2-6　媒体和磁盘缓存设置

3. 内存和多重处理

我们可以设置"内存"中"为其他应用程序保留的 RAM"大小来改变 AE 所使用的内存大小，如果增加此值则 AE 所使用的内存减少，反之则 AE 所使用的内存增加，如图 2-7 所示。

图 2-7　内存和多重处理设置

2.3　After Effects 基本的工作流程

无论我们使用 Adobe After Effects 为简单字幕制作动画、创建复杂运动图形，还是合成真实的视觉效果，通常都需遵循相同的基本工作流程，但我们可以重复或跳过一些步骤。例如，可以重复修改图层属性来加快制作动画和预览的周期，直到一切都符合要求为止。如果打算完全在 After Effects 中创建图形元素，可以跳过导入素材的步骤。

2.3.1 After Effects 常规工作流程概述

1. 导入和组织素材

在创建项目后，在"项目"面板中将素材导入该项目。After Effects 可自动解释许多常用媒体格式，也可以指定希望 After Effects 解释帧频率和像素长宽比等属性的方式，还可以查看"素材"面板中的每个项目，并设置其开始和结束时间以符合合成要求。

（1）导入一般素材 一般素材是指 jpg、tga、mov、wave 等文件，导入方法如下：

1）执行菜单中的"文件"→"导入"→"文件"命令来导入单个素材文件。

2）执行菜单中的"文件"→"导入"→"多个文件"命令来导入多个素材文件。

3）在项目窗口中双击鼠标左键，在出现的窗口中导入素材文件。

（2）导入 psd 文件 After effects 能正确识别 Photoshop 文件的图层信息。导入 psd 文件的方法如下：

1）导入 Photoshop 创建的 psd 文件后，将弹出图 2-8 所示的对话框。

2）单击"导入种类"后面的下拉列表框，包括三种选择类型如图 2-9 所示。

图 2-8 psd 素材导入弹出对话框

图 2-9 psd 导入种类

3）当选择"导入种类"为"素材"时，下面的"图层选项"会出现两种类型，如图 2-10 所示为"合并的图层"样式，此种类型将会把 psd 文件的所有图层合并在一起。

当选择"选择图层"选项时，可以通过右面的选择项来选择所需的图层，如图 2-11 所示。

图 2-10 合并的图层

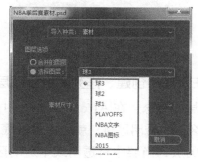

图 2-11 选择图层

选择的图层下面又包括两种"图层样式"选项，如图 2-12 所示，其中"合并图层样式到素材"选项是将 Psd 中的图层样式合并到 After Effects 的素材中。"忽略图层样式"选项为忽略 psd 图层样式。

"素材尺寸"下拉列表中包括"图层大小"和"文档大小"两个选项，如图 2-13 所示。其中"图层大小"为读取 psd 文件的原始图层大小。"文档大小"为 psd 文件整个文档的大小。

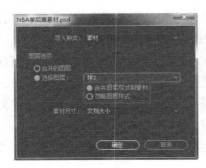
图 2-12　图层样式设置

图 2-13　素材尺寸设置

4）当选择"导入种类"为"合成"选项时，psd 文件会作为一个 After Effects 的合成来导入，并且合成中每个图层的尺寸为 psd 文档的尺寸，如图 2-14 所示。其下面又包括两个"图层选项"："可编辑的图层样式"是将 psd 文件的图层样式导入到 After Effects 的图层中，并且可以编辑修改；"合并图层样式到素材"是将 psd 的图层样式合并到 After Effects 的图层中，但不能修改。

5）当选择"导入种类"为"合成-保持图层大小"选项时，psd 文件会作为一个 After Effects 的合成来导入，并且合成中每个图层的尺寸为 psd 文件各图层的原始尺寸，如图 2-15 所示，其下面的两个"图层选项"与"合成"选项种类相同。

图 2-14　"合成"类型

图 2-15　"合成-保持图层大小"类型

2. 在合成中创建、排列和组合图层

（1）层的概念　在 After Effects 中，假设层有透明区域，将它们一张一张的叠放在一起，那么层的透明区域，就可以看到底下的层，在层的二维工作模式中，总是优先显示处于上方的层，当层中有透明或半透明区域时，将根据透明度来显示其下方的层，如图 2-16 所示。

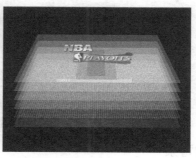

图 2-16　层的概念

（2）层的排列和组合　可以在"合成"面板中的空间上排列图层，或使用"时间轴"面板在时间上排列图层，也可以在两个维度中堆叠图层，或在三个维度中排列图层。

3. 修改图层属性和为其制作动画

可以修改图层的任何属性，如大小、位置和不透明度，也可以使用关键帧和表达式使图层属性的任意组合随着时间的推移而发生变化。可使用运动跟踪稳定运动或为一个图层制作动画，以使其遵循另一个图层中的运动。

4. 添加效果并修改效果属性

可以添加效果到任何图层，以改变图层的外观或声音，甚至从头开始生成视觉元素。也可以应用数百种效果、动画预设和图层样式中的任何一种，甚至可以创建并保存自己的动画预设。还可以为效果属性制作动画，这些属性只是效果属性组内的图层属性。

5. 预览

在计算机屏幕或外部视频监视器上预览合成是最快最方便的方法，即便对于复杂的项目，也可以通过指定预览的分辨率和帧频率以及限制预览的合成区域和持续时间，来更改预览的速度和品质。还可以使用色彩管理功能预览影片在其他输出设备上将呈现的外观。

6. 渲染和导出

将一个或多个合成添加到渲染队列中即可以按照选择的品质设置渲染它们，也可以按照所指定的格式创建影片。可以使用"文件"→"导出"或"合成"→"添加到渲染队列"。

2.3.2　After Effects 工作流程实例

本节设计一个"NBA 季后赛片头"实例，来对 After Effects 的工作流程进行训练，在训练过程中会使用一些后面章节才讲到的知识，这部分只要求按照步骤操作，能够了解 After Effects 的工作流程就可以，目前不需要熟练掌握。实例完成效果如图 2-17 所示。

图 2-17 "NBA 季后赛片头"实例完成效果

1. 创建背景

1）新建合成，执行菜单栏中的"合成"→"新建合成"命令，新建一个合成。设置"合成名称"为"NBA 季后赛片头"，设置"预设"为"PAL D1/DV"，持续时间为 8 秒，如图 2-18 所示。

2）执行菜单栏中的"图层"→"新建"→"纯色"命令，新建一个纯色层。设置"名称"为"背景"，尺寸与合成大小相同，颜色为黑色，如图 2-19 所示。选择"背景"层，执行菜单栏中的"效果"→"生成"→"梯度渐变"命令，在效果控制面板中设置参数如图 2-20 所示。

图 2-18 合成面板设置

图 2-19 背景层设置

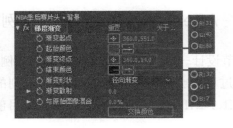

图 2-20 "梯度渐变"设置

3）再次执行菜单栏中的"图层"→"新建"→"纯色"命令，新建一个纯色层。设置"名称"为"背景网格"，尺寸与合成大小相同，颜色为黑色。执行菜单栏中的"效果"→"生产"→"网格"命令，设置如图 2-21 所示。将"背景网格"层的模式调整为"叠加"，此时效果如图 2-22 所示。

图 2-21　"网格"设置

图 2-22　网格效果

2. 导入素材

1）在项目面板的空白区域双击，导入素材→2 章→2.3→NBA 季后赛素材.psd 文件。

2）在弹出的 psd 素材导入面板中，选择"导入类型"为"合成-保持图层大小"，"图层选项"为"合并图层样式到素材"如图 2-23 所示。再次双击项目面板导入素材→2 章→2.3→背景音乐.wav 文件。

3）在项目面板中双击"NBA 季后赛素材.psd"，如图 2-24 所示，在弹出的时间线面板中框选所有图层如图 2-25 所示，按"Ctrl+C"组合键复制图层，切换到"NBA 季后赛片头"时间线面板，按"Ctrl+V"组合键粘贴图层。再将项目窗口中的"背景音乐"拖曳至时间线面板的最底层，就此完成了图层的排列和组合。此时时间线面板如图 2-26 所示。

图 2-23　NBA 季后赛 PSD 文件导入设置

图 2-24　NBA 季后赛素材

图 2-25　素材图层

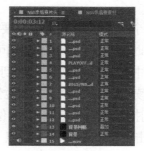

图 2-26　时间线面板

3．制作图层动画

1）单击图层上方的 原名称 按钮，将其转化为 图层名称 ，此时的图层名称将会读取"psd"的原始图层名称，图层名称如图2-27所示。

2）将时间指示器 调整到0秒的位置，选择图层"灰色条"，按"P"键展开该层的"位置"属性。单击"位置"属性左侧的 关键帧记录器按钮，层下方会显示一个关键帧标记 ，调整参数如图2-28所示。将时间指示器 调整到3秒的位置，调整参数如图2-29所示。这样就在0~3秒之间制作了"灰色条"图层的位置动画。

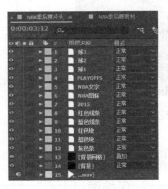

图2-27　显示图层名称

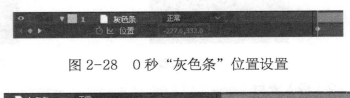

图2-28　0秒"灰色条"位置设置

图2-29　3秒"灰色条"位置设置

3）同样，在第0秒和第2秒的位置，设置"红色块"和"蓝色块"层的位置动画。在0秒的位置，将"红色块"移动到画面的上方，"蓝色块"移动到画面的下方；在2秒的位置，将它们移回原位，这样就得到了两个相反方向的位置动画。并且与"灰色条"图层形成了方向和速度上的对比。动画参数设置如图2-30所示。

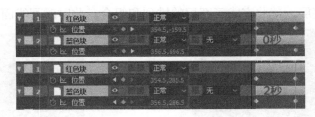

图2-30　"红色块"与"蓝色块"位置动画设置

 提示：

① 对于一个属性来说，至少需要两个关键帧才能产生动画。

② 单击"时间显示"按钮 00:00:00:00 可以精准的设置时间。

③ 要注意书中给出的数值只起到一个参考作用，希望大家能够根据个人对动画的理解去调节数值，读者最重要的是理解位置动画的设置方法。

4）将时间指示器调整到4秒的位置，选择"蓝色线条"图层，在工具面板的 "矩形工具"上双击鼠标左键，将会按照"蓝色线条"图层的大小创建一个矩形遮罩，同理为"红色线条"图层创建矩形遮罩，此时合成窗口中的效果，如图2-31所示。

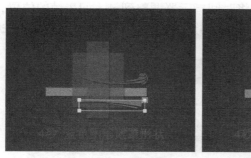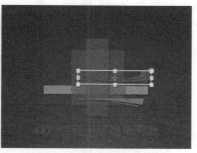

图 2-31 "红色线条"与"蓝色线条"蒙版设置

5）同时选择"蓝色线条"和"红色线条"两个图层，按"M"键展开图层的"蒙版路径"属性。分别单击"蓝色线条"层和"红色线条"层"蒙版路径"属性左侧的█关键帧记录器按钮，层下方会显示一个关键帧标记█，如图 2-32 所示。

图 2-32 蒙版动画设置

6）将时间指示器调整到 3 秒的位置，选择"蓝色线条"图层的"蒙版"属性，如图 2-33 所示，按"Ctrl+T"组合键，拖曳右侧的约束框句柄到左侧。同理选择"红色线条"图层的"蒙版"属性，按"Ctrl+T"组合键，拖曳左侧的约束框句柄到右侧，此时合成窗口效果如图 2-34 所示。这样就在 3～4 秒之间得到了两个方向相反的蒙版动画。再次同时选择两个图层，按"F"键，打开两个图层的"蒙版羽化"属性，将两个图层的羽化值都调整为 30。

图 2-33 3 秒选择的蒙版属性

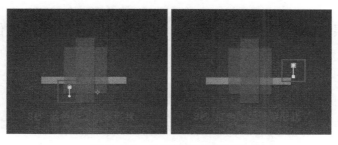

图 2-34 3 秒蒙版形状设置

7）将时间指示器调整到 4 秒的位置，选择图层"2015"，按"T"键展开该层的"不透明度"属性。单击"不透明度"左侧的█关键帧记录器按钮，层下方会显示一个关键帧标记■，调整参数如图 2-35 所示。将时间指示器调整到 4 秒 12 帧的位置，调整参数如图 2-36 所示。这样，就在 4 秒到 4 秒 12 帧之间制作了"2015"层的透明动画。

图 2-35　4 秒图层"2015"透明度设置

图 2-36　4 秒 12 帧图层"2015"透明度设置

8）选择图层"NBA 图标"，在 4 秒和 5 秒的位置设置"NBA 图标"层的位置动画，参数如图 2-37 所示。

图 2-37　图层"NBA 图标"位置动画设置

9）选择图层"NBA 文字"，在 4 秒 16 帧和 5 秒的位置设置"NBA 文字"层的位置动画，参数如图 2-38 所示。

图 2-38　突出"NBA 文字"位置动画设置

10）将时间指示器调整到 5 秒的位置，选择图层"PLAYOFFS"层，按"S"键展开该层的"缩放"属性。单击关键帧记录器按钮■，层下方会显示一个关键帧标记■，调整参数如图 2-39 所示。将时间指示器调整到 5 秒 9 帧的位置，调整参数如图 2-40 所示。此时合成窗口中的效果如图 2-41 所示。这样，就在 5 秒到 5 秒 9 帧之间制作了"PLAYOFFS"图层的缩放动画。

11）选择图层"球 1"，在 5 秒 9 帧和 5 秒 22 帧设置"球 1"层的位置动画，参数如图 2-42 所示。

图 2-39　5 秒图层"PLAYOFFS"比例动画设置

图 2-40　5 秒 9 帧图层"PLAYOFFS"比例动画设置

图 2-41 5 秒 9 帧合成窗口效果

图 2-42 图层"球 1"位置动画设置

12）选择图层"球 2"，在 5 秒 22 帧和 6 秒 10 帧设置"球 2"层的位置动画，参数如图 2-43 所示。

图 2-43 图层"球 2"位置动画设置

13）选择图层"球 3"，在 6 秒 10 帧和 6 秒 23 帧设置"球 3"层的位置动画，参数如图 2-44 所示。

图 2-44 图层"球 3"位置动画设置

14）将时间指示器调整到 5 秒 9 帧的位置，先选择图层"球 1"再按"Shift"键选择图层"球 3"，图层"球 1""球 2""球 3"将全部被选择。按"R"键同时展开 3 个图层的"旋转"属性。单击任意图层的 关键帧记录器按钮，3 个图层下方将同时显示关键帧标记 ，调整参数如图 2-45 所示，将时间指示器调整到 8 秒的位置，调整参数如图 2-46 所示。此时合成窗口中的效果如图 2-47 所示。这样，我们就在 5 秒 9 帧到 8 秒之间制作了"球 1""球 2""球 3"图层的旋转动画。

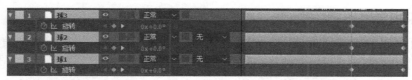

图 2-45 5 秒 9 帧图层"球 1""球 2""球 3"旋转动画设置

图 2-46　8 秒图层"球 1""球 2""球 3"旋转动画设置

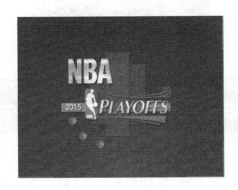

图 2-47　8 秒合成窗口效果

4. 添加效果并修改效果属性

选择图层"NBA 图标",执行菜单栏中的"效果"→"模糊和锐化"→"快速模糊"选项,将时间指示器调整到 4 秒的位置,在效果控制面板中单击"模糊度"前面的 圆 为"模糊度"设置动画,并将"模糊方向"修改为"水平",参数如图 2-48 所示。将时间指示器调整到 5 秒的位置,调整参数如图 2-49 所示,这样就在 4~5 秒之间制作了"NBA 图标"图层的快速模糊动画。

图 2-48　4 秒快速模糊设置

图 2-49　5 秒快速模糊设置

5. 预览

在预览面板中单击 ▶ 按钮,播放影片(按小键盘上的"0"键或键盘上的"空格"键都可以播放影片)。如图 2-50 所示,在合成窗口中可以看到"NBA 季后赛片头"的动画效果。

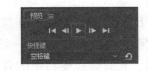

图 2-50　内存播放按键

6. 渲染和导出

1)执行菜单栏中的"合成"→"添加到渲染队列"命令,将会弹出"渲染队列"对话框,如图 2-51 所示。

2)单击"渲染设置"后面的"最佳设置"选项,如图 2-52 所示。将会弹出"渲染设置"对话框,此对话框主要用于指定渲染品质,此案例保持默认,如图 2-53 所示。

图 2-51　"渲染队列"对话框

图 2-52　"最佳设置"选项

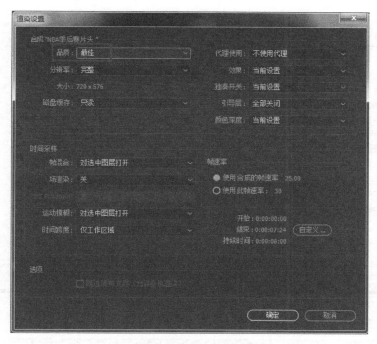

图 2-53　"渲染设置"对话框

3）单击"输出到"后面的"尚未指定"选项，如图 2-54 所示。将会弹出"将影片输出到"对话框，此对话框用于指定渲染文件的存储路径与文件名，如图 2-55 所示。

4）单击"输出模块"后面的"无损"选项，如图 2-56 所示。将会弹出"输出模块设置"对话框，在该对话框中单击"格式"下拉列表按钮选择要输出的格式，然后单击"格式选项"按钮，选择编码解码器。根据实际需要选择合适的压缩方式，默认为无损压缩，如图 2-57 所示。

图 2-54 "尚未指定"选项

图 2-55 输出路径

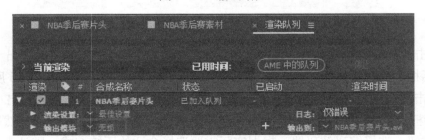

图 2-56 "无损"选项

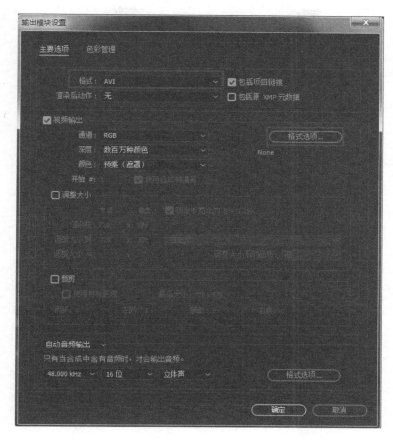

图 2-57　输出模块设置

5）单击"渲染队列"上的"渲染"按钮，开始渲染输出，如图 2-58 所示。自此完成了"NBA 季后赛片头"的制作。

图 2-58　渲染输出

　课后作业与练习

1）复习本章所学的重要知识点。

2）收集简单的二维动画片头，并进行模拟训练。

3）熟练图层位置、缩放、旋转和不透明度属性的快捷键。

AE

Chapter 03

第 3 章

After Effects 颜色校正

在影视制作中，经常需要对影片的颜色进行调整。例如把整个影片调整为某个色调，或将不同素材的色彩调整得协调等。色彩的调整主要是通过对图像的色相、明暗以及饱和度的调整，来达到改善图像色彩的目的，以便更好地控制影片的色彩信息，制作出理想的画面效果。本章将介绍几种常用的颜色校正效果。

教学目标与知识点

教学目标
1）认识 After Effects 的效果特性。
2）认识色彩深度与颜色校正的关系。
3）具备 After Effects 颜色校正效果的使用能力。
4）具备影片色彩关系的协调能力。

知识点
1）After Effects 效果面板的使用方法。
2）After Effects 色彩深度的设置方法。
3）After Effects 常用颜色校正效果的使用方法。

【授课建议】

总学时：6 学时（270min）

教学内容	教学手段	建议时间安排/min
After Effects 色彩深度	效果演示与操作讲解 学生操作	45
更改颜色		45
颜色平衡		
曲线		
色相/饱和度		45
Color Finesse	软件演示讲解 学生操作	130
课程总结 布置课后作业与练习	讲解	5

3.1 After Effects 色彩深度

颜色深度是用于表示像素颜色的每通道位数（bpc⊖）。每个 RGB 通道（红色、绿色和蓝色）的位数越多，每个像素可以表示的颜色就越多。在 After Effects 中，可以使用 8bpc、16bpc 或 32bpc 颜色。

3.1.1 色彩深度

在调色时，首先要考虑色彩深度，这对后期的调色会有重要的影响。

一般处理的图像文件都是由 RGB 或 RGBA 通道组成，而记录每个通道颜色的量化位数就是位深度，也就是图像中有多少位的像素表现颜色。通常情况下，使用 8bpc 量化图像，即使用 2^8 进行量化，每个通道是 256 色。这样，RGB 通道就是 24bpc 色，RGBA 通道则是 32bpc 色。这里的 24bpc 和 32bpc 是颜色位深度的总和，也叫作颜色位数。

但是在电影制作中，胶片具有更加丰富的表现力。所以，在数字化胶片的时候，使用 2^{16} 即 16bpc 来进行量化，这样可以记录更多的色彩信息。在使用 RGB 或 RGBA 时，每个通道都是由 2^{16} 进行量化，即 65536 色。

32bpc 像素可以具有低于 0.0 的值和超过 1.0（纯饱和色）的值，因此 After Effects 中的 32bpc 颜色也是高动态范围（HDR）颜色。HDR 值可以比白色更明亮。

使用高位量化的图像，在进行抠像、调色、追踪等操作时，会得到更佳的合成质量。高位深度的图像细节也更加细腻。但是，高位量化的图像数据量也要远远大于低位量化的图像。

在 After Effects 中调色是有色彩损失的，所以为了保证最好的调色质量，建议在调色时将项目的位深度设为 16bpc 或 32bpc（视情况而定）。而 After Effects 的默认位深度为 8bpc。

3.1.2 色彩深度实例

1. 8 bpc 色彩深度实例

1）打开 After Effects 在项目面板中双击，导入素材→3 章→3.1→8bpc→8bpc 调色。

2）以 After Effects 默认的 8bpc 色彩深度来调色。

3）将素材"8bpc 调色"拖曳至"合成窗口"，以素材"8bpc 调色"大小产生一个合成。此时合成窗口中的原始图像效果，如图 3-1 所示。

4）选择"8bpc 调色"层，执行菜单栏中的"效果"→"颜色校正"→"色阶"选项，设置参数如图 3-2 所示。此时合成窗口的效果如图 3-3 所示。

5）再次为层添加第二个"色阶"特效。设置参数如图 3-4 所示。这等于恢复了刚才调整的参数，此时合成窗口的效果如图 3-5 所示。从图中可以看出，灰阶损失的非常厉害。

6）再次为图层应用一个"色阶"特效，可以看到，现在图像的灰阶只剩下 10 个色阶了，即"色阶 2"把图像的色彩空间压缩到 120～130 之间的 10 阶，如图 3-6 所示。可以看出，

⊖ bpc=bit/c。

8bpc 位深度保留画面层次的能力极其有限，说明 After Effects 中对画面灰度的任何操作都会损失画面层次。所以，调色的时候，需要更高的位深度来应对这些损失。

图 3-1　原始图像效果

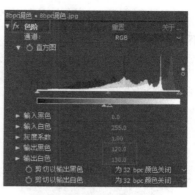

图 3-2　色阶设置

图 3-3　色阶效果

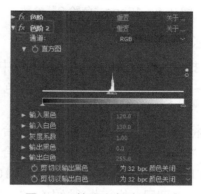

图 3-4　第二个色阶设置

图 3-5　合成窗口效果

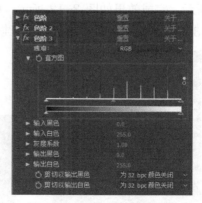

图 3-6　第三个色阶设置

2. 16 bpc 色彩深度实例

接着"8bpc 色彩深度实例"进行下面的制作。

1）单击"项目窗口"下方的 8bpc，在弹出的对话框中，修改"深度"选项为"每通道 16 位"，如图 3-7 所示。

2）可以看到，由于 16bpc 深度下的灰阶数量远

图 3-7　16bpc 色彩深度设置

远超过 8bpc 的灰阶数量，所以在 8bpc 时，"色阶 2"为 120～130 是 10 个灰阶，而在 16bpc 时，就变成了 15420～16705 的 1285 个灰阶。这远远超过了肉眼的分辨能力，所以，在 16bpc 调色时，色彩的损失是无法被肉眼察觉的，基本可以忽略不计。此时的"色阶 2"参数，如图 3-8 所示，图像效果如图 3-9 所示。

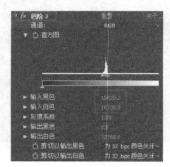

图 3-8　16bpc "色阶 2"参数

图 3-9　合成窗口效果

3. 32 bpc 色彩深度实例

1）打开 After Effects 在项目面板中双击，导入素材→3 章→3.1→32bpc→32bpc 调色。

2）将色彩深度调整为 32bpc。

3）将素材"32bpc 调色"拖曳至"合成窗口"，以素材"32bpc 调色"大小产生一个合成。此时合成窗口中的原始图像效果，如图 3-10 所示。

图 3-10　原始图像效果

4）选择图层，执行菜单栏中的"效果"→"颜色校正"→"曲线"选项，设置参数如图 3-11 所示。完成效果如图 3-12 所示。可以看到图像中，原来纯白色的部位显示出了图像，这说明 32bpc 像素可以具有超过 1.0（纯饱和色）的值。

图 3-11　曲线设置

图 3-12　完成效果

 提示：

以上应用实例证明，当色彩深度设定为 8bpc 时，经过反复的调节（如应用多种效果、调色等）会出现灰阶减少的现象，所以在校色时最好把 8bpc 改为 16bpc。但 16bpc 计算比较慢，因此工作时可以先使用 8bpc，最终要输出时再改成 16bpc。对于简单的运算可以直接使用 16bpc 进行编辑。

3.2　After Effects 常用的色彩校正效果

3.2.1　更改颜色

更改颜色：更改颜色效果可调整各种颜色的色相、亮度和饱和度。

1. 基本参数

1）视图：校正的图层将显示更改颜色效果的结果。颜色校正蒙版将显示灰度遮罩，后者用于指示图层中发生变化的区域。颜色校正蒙版中的白色区域更改得最多，暗区更改得最少。

2）色相变换：调整色相的数量，以度为单位。

3）亮度变换：正值使匹配的像素变亮，负值使其变暗。

4）饱和度变换：正值增加匹配像素的饱和度（向纯色移动），负值减少匹配像素的饱和度（向灰色移动）。

5）要更改的颜色：范围中要更改的主要颜色。

6）匹配容差：颜色可与"要更改的颜色"不同，但仍然匹配的程度。

7）匹配柔和度：此效果根据与"要更改的颜色"的相似度影响不匹配像素的数量。

8）匹配颜色：确定在其中比较颜色来确定相似度的颜色空间。RGB 用于比较 RGB 颜色空间中的颜色。"色相"用于比较颜色的色相并忽略饱和度和亮度，例如，鲜红色和淡粉色匹配。"色度"使用两个色度分量来确定相似度，同时忽略明亮度（亮度）。

9）反转颜色校正蒙版：反转确定要影响哪些颜色的蒙版。

2. 更改颜色应用

1）打开 After Effects 在项目面板中双击，导入素材→3 章→3.2→更改颜色.jpg。

2）在项目窗口下方单击 8bpc，在弹出的对话框中更改"深度"选项为"每通道 16 位"。

3）将素材"更改颜色"拖曳至"合成窗口"，以素材"更改颜色"大小产生一个合成。此时合成中的原始图像效果，如图 3-13 所示。

图 3-13　原始图像效果

4）选择图层，执行菜单栏中的"效果"→"颜色校正"→"更改颜色"选项，利用 ■ 在合成窗口中吸取，将"要更改的颜色"修改为红色，并设置参数如图 3-14 所示。

5）完成效果如图 3-15 所示。

图 3-14　更改颜色设置

图 3-15　完成效果

3.2.2　颜色平衡

颜色平衡：颜色平衡效果可更改图像阴影、中间调和高光中的红色、绿色和蓝色数量。

1. 基本参数

1）阴影红色平衡、阴影绿色平衡、阴影蓝色平衡：用于控制图像中阴影区域红、绿、蓝的数量。

2）中间调红色平衡、中间调绿色平衡、中间调蓝色平衡：用于控制图像中间调区域红、绿、蓝的数量。

3）高光红色平衡、高光绿色平衡、高光蓝色平衡：用于控制图像亮调区域红、绿、蓝的数量。

4）保持发光度：用于在更改颜色时，保持图像的平均亮度，可保持图像的色调平衡。

2. 颜色平衡应用

1）打开 After Effects 在项目面板中双击，导入素材→3 章→3.2→颜色平衡.jpg。

2）在项目窗口下方单击 8bpc，在弹出的对话框中更改"深度"选项为"每通道 16 位"。

3）将素材"颜色平衡"拖曳至"合成窗口"，以素材"颜色平衡"大小产生一个合成。此时合成中的原始图像效果，如图 3-16 所示。

图 3-16　原始图像效果

4）选择图层，执行菜单栏中的"效果"→"颜色校正"→"颜色平衡"选项，设置参数如图 3-17 所示。

5）这样就可将图像效果由黄昏变为了清晨，效果如图 3-18 所示。

图 3-17　颜色平衡设置　　　　　　　　　图 3-18　完成效果

3.2.3　曲线

曲线：曲线效果可以调整图像的亮区和暗区的分布情况。

1．基本参数

1）通道：用于指定调整颜色的颜色通道。

2）曲线：可以在控制区线条上单击添加控制点，控制点可以改变图像的亮区和暗区的分布。将控制点拖出控制区范围之外，可以删除控制点。

2．曲线应用

1）打开 After Effects 在项目面板中双击，导入素材→3 章→3.2→曲线.jpg。

2）在项目窗口下方单击 8bpc，在弹出的对话框中更改"深度"选项为"每通道 16 位"。

3）将素材"曲线"拖曳至"合成窗口"，以素材"曲线"大小产生一个合成。此时合成中的原始图像效果，如图 3-19 所示。

图 3-19　原始图像效果

4）选择图层，执行菜单栏中的"效果"→"颜色校正"→"曲线"选项，设置曲线如图 3-20 所示。

5）完成效果如图 3-21 所示。

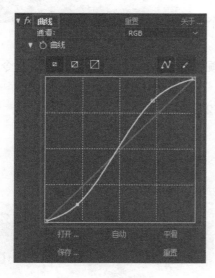

图 3-20　曲线设置

图 3-21　完成效果

3.2.4　色相/饱和度

色相/饱和度：色相/饱和度效果可调整图像单个颜色分量的色相、饱和度和亮度。

1. 基本参数

1）通道控制：要调整的颜色通道。选择"主"可以一次调整所有颜色。

2）通道范围：从"通道控制"菜单选择想要调整的颜色通道。两个颜色条按色轮上的颜色顺序描绘颜色。上面的颜色条显示调整前的颜色，下面的颜色条显示调整以后以全饱和状态影响所有色相。使用调整滑块可编辑任何范围的色相。

3）主色相：指定从"通道控制"菜单选择的通道的整体色相。使用转盘（表示色轮）可更改整体色相。转盘上面显示的带下划线的值反映的是像素的原始颜色围绕色轮旋转的度数。正值指顺时针旋转，负值指逆时针旋转，值的范围是-180～+180。

4）主饱和度、主亮度：指定从"通道控制"菜单选择的通道的整体饱和度和亮度，值的范围是-100～+100。

5）彩色化：为转换为 RGB 图像的灰度图像添加颜色，或为 RGB 图像添加颜色，如通过将图像颜色值减少到一种色相，使其看起来像双色调图像。

6）着色色相、着色饱和度、着色亮度：指定从"通道控制"菜单选择的颜色范围的色相、饱和度和亮度。

2. 色相/饱和度整体调色应用

1）打开 After Effects 在项目面板中双击，导入素材→3 章→3.2→色相饱和度整体调色.jpg。

2）在项目窗口下方单击 8bpc，在弹出的对话框中更改"深度"选项为"每通道 16 位"。

3）将素材"色相饱和度整体调色"拖曳至"合成窗口"，以素材"色相饱和度整体调色"大小产生一个合成。此时合成中的原始图像效果，如图 3-22 所示。

图 3-22　原始图像效果

4）选择图层，执行菜单栏中的"效果"→"颜色校正"→"色相/饱和度"命令，设置如图 3-23 所示。

5）图像效果由夏季变为了秋季，效果如图 3-24 所示。

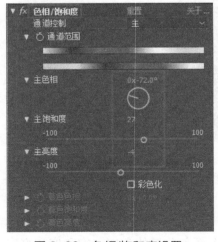

图 3-23　色相/饱和度设置

图 3-24　完成效果

3. 色相/饱和度局部调色应用

1）打开 After Effects 在项目面板中双击，导入素材→3 章→3.2→色相饱和度局部调色。

2）在项目窗口下方单击 8bpc，在弹出的对话框中更改"深度"选项为"每通道 16 位"。

3）将素材"色相饱和度局部调色"拖曳至"合成窗口"，以素材"色相饱和度局部调色"大小产生一个合成。此时合成中的原始图像效果，如图 3-25 所示。

4）选择图层，执行菜单栏中的"效果"→"颜色校正"→"色相/饱和度"选项，设置参数如图 3-26 所示。

5）图像中人物红色的衣服变为了绿色，效果如图 3-27 所示。

图 3-25　原始图像效果

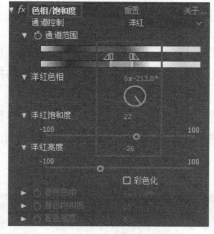

图 3-26　色相/饱和度设置

图 3-27　完成效果

4. 色相/饱和度着色应用

1）打开 After Effects 在项目面板中双击，导入素材→3 章→3.2→色相饱和度着色。

2）在项目窗口下方单击 8bpc，在弹出的对话框中更改"深度"选项为"每通道 16 位"。

3）将素材"色相饱和度着色"拖曳至"合成窗口"，以素材"色相饱和度着色"大小产生一个合成。此时合成中的原始图像效果，如图 3-28 所示。

图 3-28　原始图像效果

4）选择图层，执行菜单栏中的"效果"→"颜色校正"→"色相/饱和度"选项，设置参数如图 3-29 所示。

5）图像蓝绿色调变为了土黄色调，效果如图 3-30 所示。

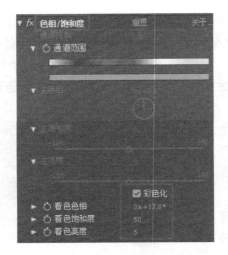

图 3-29 色相/饱和度设置

图 3-30 完成效果

3.3 Color Finesse

　　Color Finesse 是 After Effects 中出色的颜色校正工具，它拥有独立的操作界面，可以对颜色进行精密的校正，并提供了强大的局部色彩处理能力和颜色匹配能力，调色功能强大操作方便。

　　Color Finesse 包含两个调色界面，简化的界面如图 3-31 所示，可以直接在简化界面完成大部分的颜色校正工作。另外也可以单击效果面板中的 Full Interface，进入 Color Finesse 完整的调色界面中进行工作如图 3-32 所示。

图 3-31 简化界面

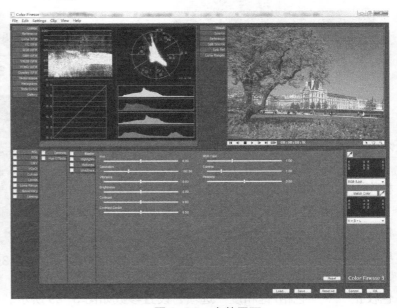

图 3-32 完整界面

在完整界面中，左上方为各种示波器的显示界面，用于在调色时进行各通道颜色信息和亮度信息的参考。右上方为预览窗口，用于显示调色结果、原素材与参考素材等；下方为调色工具栏，用于使用各种模式的色彩校正。

由于 Color Finesse 参数比较多，且各种类型校色工具的校色思路比较相似，限于篇幅原因本节只介绍几种常用的颜色校正类型的使用方法。

 提示：

① 色调控制区域公用参数，包括 Master、Highlights、Midtones 与 Shadows，出现在 HSL、RGB、CMY 与 YcbCr 调色模式中。

Master：控制图像的整体色调。Highlights：控制图像的亮部色调。

Midtones：控制图像的中间色调。Shadows：控制图像的暗部色调。

② 颜色通道控制区公用参数，包括 Master、Red、Green 与 Blue，出现在 Curves 与 Levels 调色模式中。

Master：控制图像的所用通道。Red：控制图像的红色通道。

Green：控制图像的绿色通道。Blue：控制图像的蓝色通道。

色调控制区域

颜色通道控制

3.3.1 HSL 调色

1. 基本参数

HSL 是一种常用的调色模式。使用色相、饱和度和亮度等参数来进行调色。选择 HSL 调色模式时，面板上会出现两种调节方式，即 Controls（控制）与 Hue offest（色相偏移）。

（1）Controls（控制）参数面板 如图 3-33 所示。

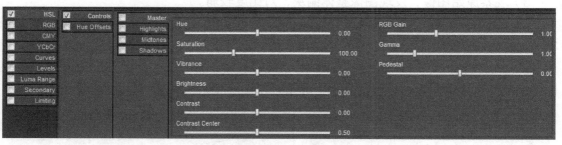

图 3-33　Controls 参数面板

1）Hue（色相）：调节图像的色相，保持图像的亮度和饱和度。

2）Saturation（饱和度）：饱和度的默认值为 100，当值为 0 时，移除色彩。

3）Vibrance（自然饱和度）：调整饱和度或"强度"颜色，但限制了调整后的颜色范围，以避免卡通般的外观，图像保持颜色自然。

4）Brightness（亮度）：减小亮度，亮部的像素将减少，暗部的像素会随之增加。

5）Contrast（对比度）：通过改变图像纯白和纯黑之间的范围来改变图像的黑白对比。

6）Contrast Center（中心对比度）：调整对比度的偏移，来改变图像的对比度。

7）RGB Gain（RGB增益）：对图像中较亮的像素影响较大，使图像中的亮点变得更亮，黑像素几乎不受影响。作用是增加图像中的亮点。调解该项需要图像在 RGB 模式下。

8）Gamma（伽码）：只改变图像的中调值，对图像的暗部和亮部不产生影响。当图像太暗或太亮时，可使用调节 Gamma 的方法来改善图像的质量，又不会影响高光和阴影部分。

9）Pedestal（基准）：对图像中较暗的像素影响较大，使图像中的暗部变得更暗，亮的像素几乎不受影响。作用是增加图像中的暗度。调解该项需要图像在 RGB 模式下。

（2）Hue offset（色相偏移）　色相偏移面板里，设置有色轮，可直接用鼠标在色轮上拖动选择某种颜色，这种调色方法既可对图像整体校色，又可以对图像局部进行暗部、中间调、亮部处理，参数面板如图 3-34 所示。

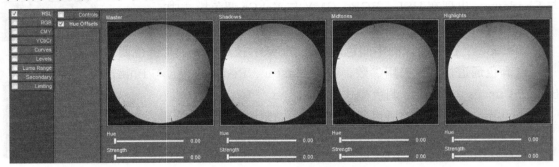

图 3-34　Hue offset 参数面板

2. HSL 调色应用

1）打开 After Effects 在项目面板中双击，导入素材→3 章→3.3→HSL 校色.jpg。

2）将素材"HSL 校色"拖曳至"合成窗口"，以素材"HSL 校色"大小产生一个合成。此时合成中的原始图像效果，如图 3-35 所示。

3）观察原始图像，发现图像整体偏灰，对比度较弱。

4）选择图层，执行菜单栏中的"效果"→"Synthetic Aperture"→"SA Color Finesse 3"命令。

5）进入 Full Interface 界面，观察左上角的 Luma WFM 示波器（亮度信息），发现图像中的亮度像素较少，且暗部像素不够暗，如图 3-36 所示。

图 3-35　原始图像效果

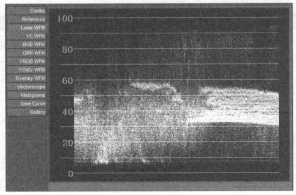

图 3-36　Luma WFM 示波器效果

6）调节 HSL→Controls→Shadows→Pedestal 参数为 -0.05，使暗部像素趋近于示波器的 0 位，如图 3-37 所示。

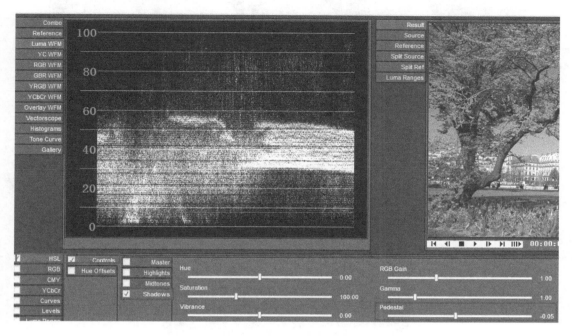

图 3-37　降低暗部像素

7）调节 HSL→Controls→Master→Vibrance 参数为 97.55，使图像饱和度加强，再调节 HSL→Controls→Master→Gamma 参数为 1.10 使图像暗灰色调稍稍变亮些，如图 3-38 所示。

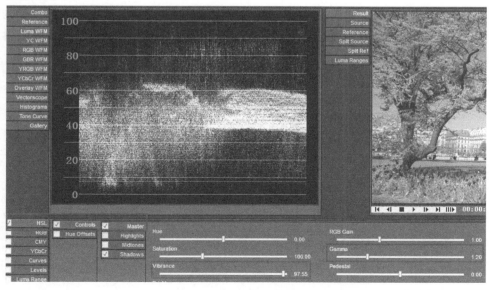

图 3-38　降低暗部像素

8）使图像暗部变冷，使其偏蓝色调；使中间色调和亮色调变暖，使其偏黄色调。调节 HSL→Hue offset 如图 3-39 所示。完成效果如图 3-40 所示。

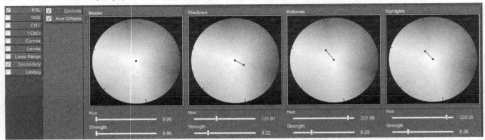

图 3-39　色调调节

图 3-40　完成效果

3.3.2　RGB 调色

RGB 是最常用的调色方式。因为在计算机中进行调色的素材，最终都会被转换为 RGB 模式。所以，以 RGB 来调整也是最直接、最有效的手段。RGB 调色模式参数面板如图 3-41 所示。

Gamma、Pedestal、Gain 参数与 HSL 参数作用类似，这里就不再复述。

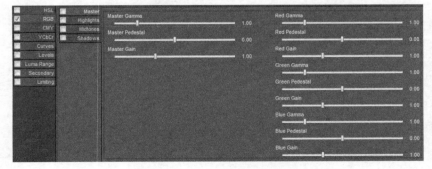

图 3-41　RGB 模式参数面板

"RGB 调色"应用：

1）打开 After Effects 在项目面板中双击，导入素材→3 章→3.3→RGB 校色.jpg。

2）将素材"RGB 校色"拖曳至"合成窗口"，以素材"RGB 校色"大小产生一个合成。此时合成中的原始图像效果，如图 3-42 所示。

3）观察原始图像，发现图像整体色调偏冷，这里将其校正为暖色。

4）执行菜单栏中的"效果"→"Synthetic Aperture"→"SA Color Finesse 3"命令。

5）进入 Full Interface 界面，观察左上角的 RGB WFM 示波器（RGB 信息），发现图像中的绿色和蓝色像素主要集中在相对较亮的区域，所以导致图像偏冷，如图 3-43 所示。

图 3-42　原始图像　　　　　　　　图 3-43　RGB 示波器效果

6）调节 RGB→Master 栏，使 RGB 波形基本平齐，参数如图 3-44 所示。

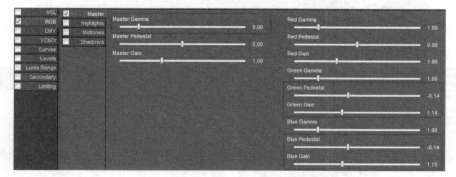

图 3-44　Master 参数设置

7）调节 RGB→Highlights 栏，使受光偏点冷色调，参数如图 3-45 所示。

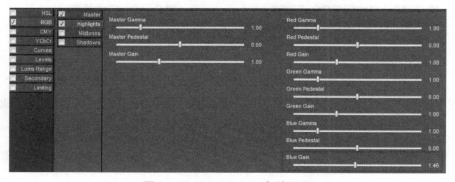

图 3-45　Highlights 参数设置

8）调节 RGB→Midtones 栏，使中间调偏暖色，并略偏暗，参数如图 3-46 所示。

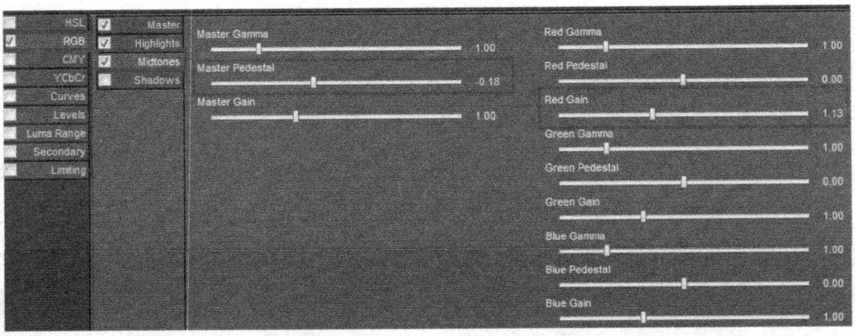

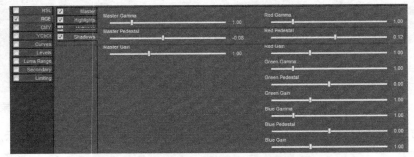

图 3-46　Midtones 参数设置

9）调节 RGB→Shadows 栏，使暗调偏暖，并略偏亮，参数如图 3-47 所示。

图 3-47　Shadows 参数设置

10）调节完成后的 RGB 示波器如图 3-48 所示，完成效果如图 3-49 所示。

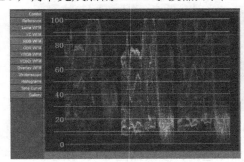

图 3-48　完成后 RGB 示波器

图 3-49　完成效果

3.3.3　CMY 调色

CMY 调色与 RGB 调色方法基本相同，只是 CMY 采用青色、洋红、黄色的色彩调节模式。

3.3.4　YCbCr 调色

YCbCr 调色是把图像分解为亮度及两个色分量,视频格式所用的采样率通常表示为亮度信号（Y）和两个色差信号（Cb，Cr），在对亮度信息进行处理时，对色差信息不造成任何影响。同样，在对色差信息处理时，也不会对图像亮度值产生影响。分量信号格式在模拟和数字视频记录中被广泛使用。因此，当原始素材质量较差时，可以用分量校色的方法纠正。

3.3.5　Curves 调色

Curves（曲线）调色是在曲线上添加控制点的方法来实现的。可对主通道（Master），也能对 R、G、B 单通道或它们的组合通道进行调节。

3.3.6　Levels 调色

Levels（电平）调色用于调整图像中的黑场和白场。它剪切每个通道中的暗调和高光部分，并将每个颜色通道中最亮和最暗的像素映射到纯白（色阶为 255）和纯黑（色阶为 0）。

3.3.7　Luma Range 调色

Luma Range（亮度范围）调色用于重新定义图像中的阴影区域、中间区域和亮部区域。在右上方预览窗口选择 Luma Ranges，可以查看明暗区域。左侧句柄用于控制暗部区域，右侧句柄用于控制两部区域。

3.3.8　Secondary 调色

1. 基本参数

二次调色就是对图像局部调色，因为它是在第一轮调色后进行的，所以称为二次调色，如图 3-50 所示。

在二次调色参数面板中可以看到，它有 A～F 共 6 个子项按钮，可同时对图像中的 6 个不同区域调色，最后将所有效果混合起来。

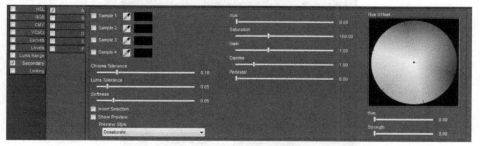

图 3-50　Secondary 参数面板

1）拾色区：调色时，可以利用吸管在图像中选择要调整的颜色。

2）Chroma Tolerance（色度容差）：色度宽容度是指选取的颜色和图像中其他颜色间的差别程度。如果选择的颜色和图像中其他的颜色差别很大（如选择的颜色在图像的其他部位找不到），可以将宽容度值调高些，如果选取的颜色和图像中的其他色彩很接近，就要尽量减小宽容度值。打开预览复选框，可从矢量示波器上直接观察宽容度值。

3）Luma Tolerance（亮度容差）：指选取色的亮度值和图像中其他色彩亮度值间的差别。

4）Softness（柔和度）：对颜色相近的区域进行处理，使选择范围变得柔和。

5）Invert（反选）：反转选择的颜色范围。

6）Show Preview（显示预览）：在下拉菜单中，提供了多种预览方式，在调节选区时，可以从这里选择一种预览方式。

2. Secondary 调色应用

1）打开 After Effects 在项目面板中双击，导入素材库→3 章→3.3→二次调色.jpg。

2）将素材"二次校色"拖曳至"合成窗口"，以素材"二次校色"大小产生一个合成。此时合成中的原始图像效果，如图 3-51 所示。

3）目的是将图像中的红色像素变为紫色。

图 3-51　原始图像

4）执行菜单栏中的"效果"→"Synthetic Aperture"→"SA Color Finesse 3"命令，利用✐吸取图像中的红色像素，其余参数设置如图 3-52 所示。

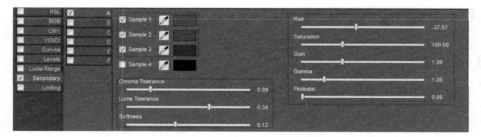

图 3-52　Secondary 参数设置

5）完成效果如图 3-53 所示。

图 3-53　完成效果

3.3.9 Limiting 调色

Limiting（限幅）调色是用来限定视频的校色输出各项范围，如视频制式，播出视频所允许最大和最小色度、亮度极限等。

3.3.10 Match Color 调色

在合成中，经常需要匹配不同对象的颜色，以便更真实地融合到一个场景氛围中。有时为了追求镜头的统一感，也需要将颜色相差较大的镜头做一个颜色匹配。

使用颜色匹配功能，可以非常容易的将两个不同的对象真实地融合到一个场景中。可以使用 Match 功能对颜色进行匹配，由计算机来选择最合适的颜色进行匹配。当然，一般情况下还需要在匹配后再进行细节调整。

Match Color 应用：

1）打开 After Effects 在项目面板中双击，导入素材库→3 章→3.3→颜色匹配 1 和颜色匹配 2。

2）同时选择"颜色匹配 1"和"颜色匹配 2"，将它们拖曳至"合成窗口"，在时间线面板中选择这两个层，按"Ctrl+Alt+F"组合键，使它们与合成大小相匹配。

3）将两个素材文件上下排列，如图 3-54所示。

4）在时间线右键单击，选择新建→调整图层，并放在两个层的上方。

图 3-54 两个素材层关系

5）选择调节层，执行菜单栏中的"效果"→"Synthetic Aperture"→"SA Color Finesse 3"命令，单击 Full Interface 选项，进入调色界面。

6）在调色工具区域中，无论切换到哪一种调色方式，旁边都会出现颜色匹配面板，如图 3-55 所示。根据所选择的调色方式不同，颜色匹配的效果也会有所不同。

7）切换到 Secondary 栏，选择颜色匹配所影响的颜色区间。这里要将下面的绿色草地改为秋天的金黄色草地。所以，应该选择草地的绿色区间。在 Sample 栏中选择滴管工具，在草地上单击，分别选择 4 个不同的样本色，如图 3-56 所示。

8）进行匹配操作。选择颜色匹配上方的滴管工具，在画面中的草地上单击，选择需要进行匹配的颜色（源色），如图 3-57 所示。可以看到，在上方的源色栏中，显示所选择的颜色；下方的匹配栏左侧也显示源色。

9）在下方的目标色栏选择滴管工具，在画面上方的金黄色树叶上单击，选取要匹配成为的颜色，如图 3-58 所示。可以看到，选取的目标色出现在下方匹配栏的右侧。

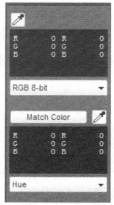
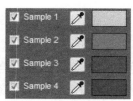

图 3-55　颜色匹配面板　图 3-56　Sample 样本色　图 3-57　选择源色　图 3-58　选择匹配色

10）在下方的下拉列表中可以选择匹配颜色的方式。这里选择 Hue 选项，对色相进行匹配。单击 Match Color 按钮，可以发现，下方的草地部分颜色变为了与上方树叶相近的金黄色。而源色栏的右侧也显示为匹配后的颜色，如图 3-59 所示。

11）在 Secondary 栏中对色度、亮度区域和柔和度进行调整，并对色相、饱和度和色相偏移量等参数做一些辅助调节，如图 3-60 所示。最终效果如图 3-61 所示。

图 3-59　匹配后的颜色

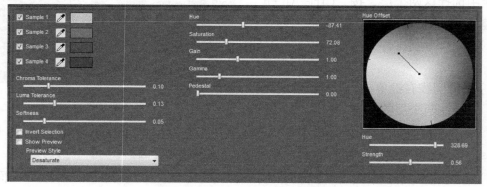

图 3-60　Secondary 参数设置

图 3-61　完成效果

课后作业与练习

1）复习本章所学的重要知识点。

2）利用手机等设备，拍摄视频片段，进行调色训练。

3）自学"黑色和白色""色阶""亮度和对比度"等常用校色效果。

4）对本书中 Color Finesse 调色模式进行调色训练。

Chapter 1

Chapter 2

Chapter 3

Chapter 4

Chapter 5

Chapter 6

Chapter 7

Chapter 8

Chapter 9

Chapter 10

Chapter 11

AE

第4章

Chapter 04

蒙版与遮罩

After Effects 是动画数字后期合成软件，合成的实质就是将不同的元素经过艺术化的处理组合在一起。要把不同的元素组合在一起就涉及一个非常重要的概念即透明。读者已经理解了层的概念，层实际就是一个绘图的玻璃纸。有图的部分显露出来，无图的部分透明，显示出下方的图像。那么如果素材没有透明信息怎么办？针对这个问题，After Effects 提供了遮罩工具。

教学目标与知识点

教学目标
1）具备路径的绘制能力。
2）具备蒙版的应用能力。
3）具备蒙版路径动画的制作能力。
4）具备 Alpha 遮罩和亮度遮罩的使用能力。

知识点
1）蒙版的绘制方法。
2）蒙版路径动画的制作方法。
3）Alpha 遮罩和亮度遮罩的使用方法。

【授课建议】

总学时：8 学时（360min）

教学内容	教学手段	建议时间安排/min
蒙版的绘制与属性	软件演示讲解 学生操作	45
蒙版路径变形动画	效果演示与操作讲解 学生操作	90
蒙版作为路径使用		90
轨道遮罩		
蒙版与遮罩的综合运用		130
课程总结 布置课后作业与练习	讲解	5

4.1 蒙版的绘制

可以利用工具栏上的钢笔工具 ，来绘制所需的任意形状的路径或蒙版形状。也可以利用蒙版工具，来创建矩形、圆角矩形、椭圆、多边形和星形蒙版。

4.1.1 使用钢笔绘制直线路径

使用工具栏上的钢笔工具 可以绘制直线，绘制方法是通过使用钢笔工具单击来创建两个顶点。继续单击可创建由角点连接的直线段组成的路径。

将钢笔工具放在直线段开始的位置，然后单击鼠标左键来放置第一个顶点（不要拖动），然后松开鼠标再次单击放置第二个顶点，如图 4-1 所示。在按"Shift"键的同时单击可将角点处线段之间的角度限制为 45°的整数倍，如图 4-2 所示。

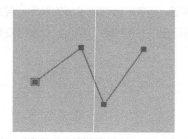

图 4-1　直线绘制

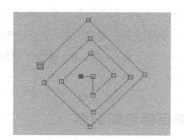

图 4-2　45°整数倍直线绘制

4.1.2 使用钢笔绘制曲线路径

使用工具栏上的钢笔工具 ，通过拖动方向线来创建弯曲的路径。方向线的长度和方向决定了曲线的形状。

将钢笔工具放在曲线开始的位置，然后按下鼠标左键，将出现一个顶点，并且钢笔工具指针将变为一个箭头。拖动以修改顶点的两条方向线的长度和方向，然后释放鼠标按键，如图 4-3 所示。将钢笔工具放置到曲线段结束的位置，然后执行以上操作，如图 4-4 所示。

图 4-3　曲线起点绘制

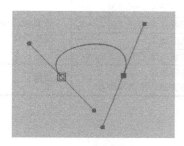

图 4-4　曲线结束点绘制

4.1.3　蒙版图形

使用工具栏上的矩形工具▭，通过对角线拖动可以创建矩形。鼠标左键单击矩形工具▭不放，可以看到弹出的菜单如图4-5所示，从中可以选择圆角矩形、椭圆、多边形和星形工具，绘制效果如图4-6所示。

图4-5　蒙版工具

图4-6　不同蒙版效果

从图4-6中可以看到，除了多边形和星形以外其他的图形都是非正多边形。如想创建正多边形，可以按"Shift"键沿对角线方向拖动。如果想沿着中心创建正多边形，可以先单击鼠标左键，再按"Ctrl+Shift"键进行绘制，效果如图4-7所示。

图4-7　正多边形蒙版

4.2　蒙版的属性

绘制蒙版形状后，展开时间线上图层的下拉列表，将会看到多了一个蒙版属性，展开该属性，可以看到蒙版的属性如图4-8所示。

图4-8　蒙版属性

1）蒙版路径：决定蒙版的形状。

2）蒙版羽化：用于制作蒙版透明区与非透明区的过渡，使边缘产生一种自然的过渡效果。

3）蒙版不透明度：用于调节蒙版区域的透明度。

4）蒙版扩展：用于扩大和缩小蒙版的区域。

4.2.1　蒙版的基本属性应用

为了进一步理解蒙版的基本属性，下面设计一个"蒙版动画"实例，完成的效果如图4-9所示。

1）打开 After Effects 在项目面板中双击，导入素材→4章→4.2.1→电视屏幕.psd。

2）在弹出的对话窗口中，设置参数如图 4-10 所示。

3）此时将会在项目面板中看到导入的素材，如图 4-11 所示。

图 4-9　蒙版动画完成效果

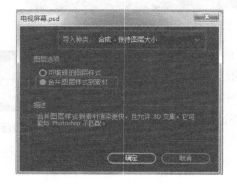

图 4-10　素材导入设置

图 4-11　项目窗口素材显示效果

4）双击项目面板上的"电视屏幕"合成，此时时间线面板如图 4-12 所示。

图 4-12　"电视屏幕"合成时间线

5）选择"图层 2"层，鼠标左键双击工具栏上的矩形工具█，将会以"图层 2"的尺寸创建一个矩形蒙版，如图 4-13 所示。

6）选择"图层 2"层，连续按两次"M"键，展开该图层的蒙版属性。鼠标左键选择"蒙版路径"属性，按"Ctrl+T"组合键，将会弹出"蒙版路径"编辑框，用鼠标拖动编辑框的右侧，并按"Ctrl"键，将编辑框调节为如图 4-14 所示的一条线。

图 4-13　"图层 2"蒙版　　　　　　　　　图 4-14　"图层 2"蒙版路径调节

7）鼠标左键单击"蒙版路径"属性前面的关键帧记录器，将会在 0 秒的位置为"蒙版路径"创建一个关键帧。将时间指针调整到 6 秒的位置，按上面的操作将"蒙版路径"恢复为原状。此时时间线状态如图 4-15 所示。

图 4-15　0～6 秒蒙版路径动画

8）播放动画会看到"图层 2"的边缘区域比较硬，如图 4-16 所示。为使边缘区域变得柔和一些，调整"蒙版羽化"值为 15，效果如图 4-17 所示。

图 4-16　蒙版默认效果　　　　　　　图 4-17　蒙版羽化效果

9）这样就完成了电视屏幕效果动画。按"空格"键或小键盘上的"0"键预览动画，最后选择一种格式渲染输出即可。

4.2.2　蒙版的混合模式

在蒙版右侧的下拉列表中，包含了蒙版的混合模式选项，如图 4-18 所示。

图 4-18　蒙版混合模式

1）无：选择此选项，蒙版不起作用，只能作为路径使用。

2）相加：相加是蒙版的默认选项，如果图层中有两个以上的蒙版，就需要进行蒙版的混合，两个蒙版以相加的模式显示的效果如图 4-19 所示。

3）相减：如果选择相减选项，蒙版区域的显示将变为透明，效果如图 4-20 所示。

这与相加模式，并选择反转模式效果相同。

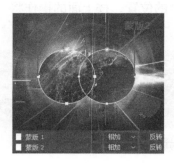

图 4-19　蒙版相加效果

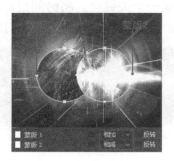

图 4-20　蒙版相减效果

4）交集：如果选择交集选项，则两个蒙版相交的区域显示，效果如图 4-21 所示。

5）变亮：对于显示区域来讲，与相加模式相同。如果两个蒙版明度不同，在两个蒙版的重叠区域将选用明度较高的值，作为重叠区域的显示强度，效果如图 4-22 所示。

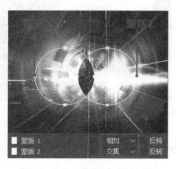

图 4-21　蒙版交集效果

图 4-22　蒙版变亮效果

6）变暗：对于显示区域来讲，与交集模式相同。如果两个蒙版明度不同，在两个蒙版的重叠区域将选用明度较低的值，作为重叠区域的显示强度，效果如图 4-23 所示。

7）差值：如果选择差值选项，则两个蒙版相交的区域透明，效果如图 4-24 所示。

图 4-23　蒙版变暗效果

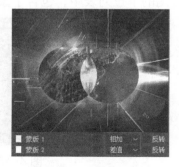

图 4-24　蒙版差值效果

4.2.3　蒙版路径变形动画

蒙版路径变形动画经常会用到，如可以将蒙版路径从一种形状转变为另一种形状，下面设计一个"蒙版路径变形动画"实例，来练习蒙版路径变形动画，完成的效果如图 4-25 所示。

图 4-25　蒙版路径变形动画效果

1）打开 After Effects，执行菜单栏中的"合成"→"新建合成"命令，新建一个合成。设置"合成名称"为"蒙版路径变形动画"，"预设"为"PAL D1/DV"，持续时间为 10 秒。

2）选择工具栏上的文字工具 T，在合成窗口中单击并输入文字——"数字后期技术"，将其放置在合成窗口的中央位置，效果如图 4-26 所示。可以利用"字符"面板来调节文字的大小及字体，参数设置如图 4-27 所示，颜色为白色。

3）再次选择工具栏上的文字工具 T，在合成窗口中单击并输入文字——"After Effects CC 2017"，调整其位置效果如图 4-28 所示。"字符"面板设置如图 4-29 所示。

4）在时间线上选择"数字后期技术"层，执行菜单栏中的"图层"→"自动追踪"选项，将弹出自动追踪面板，参数设置如图 4-30 所示。这时将会在时间线面板创建一个新的图层，同样在"After Effects CC 2017"层执行上面的操作，此时时间线面板如图 4-31 所示。

5）选择原始创建的两个文字图层并删除，因为创建完蒙版图形以后已经不需要它们了。

图 4-26　"数字后期技术"文字

图 4-27　"字符"面板设置 1

图 4-28　"After Effects CC 2017"文字

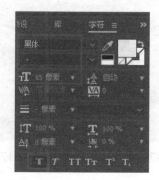

图 4-29　"字符"面板设置 2

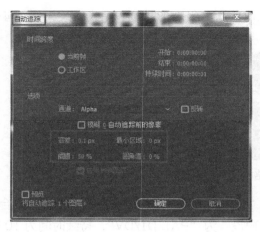

图 4-30　"自动追踪"设置　　　　　　　　　图 4-31　时间线面板

6）选择自动追踪生成的图层"After Effects CC 2017"，按"M"键展开图层的蒙版属性，并利用"Ctrl+T"组合键来单独调整每个字母的蒙版位置、比例和方向，此时效果如图 4-32 所示。

7）选择"After Effects CC 2017"层下的"蒙版 1"按"Shift"键再选择"蒙版 22"，单击任意"蒙版路径"前面的关键帧记录器 ，为"蒙版路径"记录关键帧，效果如图 4-33 所示。在"数字后期技术"图层执行同样的操作，效果如图 4-34 所示。

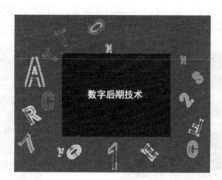

图 4-32　"After Effects CC 2017"文字蒙版调节

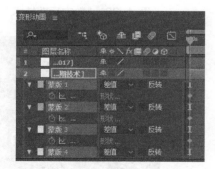

图 4-33　"After Effects CC 2017"层设置　　　图 4-34　"数字后期技术"层设置

8）选择"数字后期技术"层下的所有关键帧，按"Ctrl+C"组合键复制关键帧。再转到"After Effects CC 2017"层，按"M"键展开遮罩属性，先选择"蒙版 1"按"Shift"键再选择"蒙版 22"，将时间指针调整到 8 秒，按"Ctrl+V"组合键粘贴关键帧，效果如图 4-35 所示。

图 4-35　关键帧粘贴

9）删除"数字后期技术"层，此时已不需要该层了。

10）选择"After Effects CC 2017"层，执行菜单栏中的"效果"→"Trapcode"→"Shine"命令，设置参数如图 4-36 所示。

11）这样就完成了蒙版路径变形动画。按"空格"键或小键盘上的"0"键预览动画，最后选择一种格式渲染输出，完成效果如图 4-37 所示。

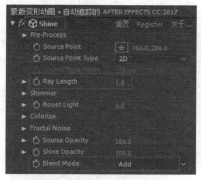

图 4-36　Shine 设置

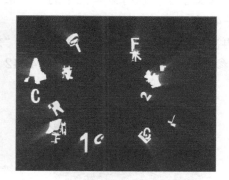

图 4-37　完成效果

4.2.4　蒙版作为路径使用

蒙版也经常被用来作为图层的运动轨迹来使用，下面设计一个"蒙版路径动画"实例，来练习蒙版的路径动画，完成的效果如图 4-38 所示。

图 4-38　蒙版路径动画完成效果

1）打开 After Effects 在项目面板中双击，导入素材→4 章→4.2.4→路径背景。

2）将素材"路径背景"拖曳至"合成窗口"，以其大小创建一个合成。

3）选择工具栏上的文字工具 **T**，在合成窗口中单击并输入文字"After Effects CC 2017"，"字符"面板设置如图 4-39 所示，位置任意即可。

4）在时间线面板选择文字层，在文字层上利用钢笔工具 绘制蒙版路径如图 4-40 所示。

图 4-39 "字符"面板设置　　　　图 4-40　蒙版路径

5）选择文字层，执行菜单栏中的"效果"→"生成"→"梯度渐变"命令，设置参数如图 4-41 所示。

6）再次选择文字层，执行菜单栏中的"效果"→"颜色校正"→"色光"选项，在这里保持参数默认即可，此时效果如图 4-42 所示。

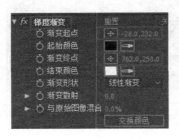

图 4-41　梯度渐变设置　　　　图 4-42　合成窗口效果

7）选择文字层，展开"文本"属性下的"路径选项"，并在"路径"右面的下拉列表中选择"蒙版 1"，如图 4-43 所示。此时可以发现文字跳转到路径上了。

8）在 0 秒调整"路径选项"下"首字边距"为-77，把文字调整到画面左侧并出画，记录关键帧动画。把时间调整到结束位置，同时调整"首字边距"为 1385，把文字调整到画面右侧并出画，时间线设置如图 4-44 所示。

图 4-43　文字路径设置

9）这样就完成了蒙版路径动画。按"空格"键或小键盘上的"0"键预览动画，最后选择一种格式渲染输出。

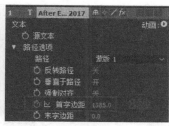

图 4-44　"首字边距"设置

4.3　轨道遮罩

轨道遮罩是在时间线轨道上应用的一种遮罩形式。其特点是以上层的图层信息，来决定下层的显示。总共包括 4 种轨道遮罩类型，如图 4-45 所示。

图 4-45　轨道遮罩类型

1）Alpha 遮罩：以上一个图层的 Alpha 通道，来决定本层的显示区域。

2）Alpha 反转遮罩：以上一个图层的 Alpha 通道，来决定本层的透明区域。

3）亮度遮罩：以上一个图层的亮度信息，来决定本层的显示区域和强度（由亮到暗，显示由强到弱）。

4）亮度反转遮罩：以上一个图层的亮度信息，来决定本层的透明区域（由亮到暗，显示由弱到强）。

4.3.1　认识轨道遮罩类型

1）打开 After Effects 在项目面板中双击，导入素材→4 章→4.3.1→"轨道遮罩"1 与"轨道遮罩 2"。

2）将素材"轨道遮罩 1"拖曳至"合成窗口"，以其大小创建一个合成，如图 4-46 所示。

3）再将素材"轨道遮罩 2"置于"轨道遮罩 1"图层之上，如图 4-47 所示。

4）按"Ctrl+Y"组合键，新建一个灰色（R：132，G：132，B：132）的纯色层，大小与合成相同。

5）选择灰色纯色层，在其上绘制一个星形的蒙版，如图 4-48 所示。

图 4-46　轨道遮罩 1　　　　　　　　　　　　图 4-47　轨道遮罩 2

6）将"图层 2"右侧 TrkMat 栏的"无"修改为"Alpha 遮罩"如图 4-49 所示。此时"图层 2"只显示在上面图层的 Alpha 通道区域，合成窗口的效果如图 4-50 所示。

7）将"图层 2"右侧 TrkMat 栏的"无"修改为"Alpha 反转遮罩"。此时"图层 2"显示在上面图层的 Alpha 通道区域外，合成窗口的效果如图 4-51 所示。

图 4-48　星形蒙版　　　　　　　　　　　　图 4-49　"Alpha 遮罩"设置

图 4-50　"Alpha 遮罩"效果　　　　　　　　图 4-51　"Alpha 反转遮罩"效果

8）将"图层 2"TrkMat 栏右侧的"无"修改为"亮度遮罩"。此时"图层 2"只显示在上面图层的 Alpha 通道区域，由于上面的图层为灰色，所以显示为半透明效果，如图 4-52 所示。

9）将"图层 2"TrkMat 栏右侧的"无"修改为"亮度反转遮罩"。此时"图层 2"显示在上面图层的 Alpha 通道区域外，由于上面的图层为灰色，所以显示为半透明效果，如图 4-53 所示。

图 4-52　"亮度遮罩"效果

图 4-53　"亮度反转遮罩"效果

4.3.2　轨道遮罩实例动画

为进一步掌握轨道蒙版的使用方法，下面设计一个"扫光动画"实例，完成的效果如图 4-54 所示。

图 4-54　扫光动画完成效果

1）打开 After Effects 在项目面板中双击，导入素材→4 章→4.3.2→"轨道蒙版扫光背景"与"轨道蒙版扫光底色"。

2）将素材"轨道蒙版扫光背景"拖曳至"合成窗口"，以其大小创建一个合成。按"Ctrl+K"组合键，设置时长为 10 秒。

3）将素材"轨道蒙版扫光底色"也置于合成中并放置在上层，如图 4-55 所示。

4）选择"轨道蒙版扫光底色"层，执行菜单栏中的"效果"→"模糊和锐化"→"高斯模糊"选项，设置参数如图 4-56 所示，此时合成窗口效果如图 4-57 所示。

5）选择工具栏上的文字工具，在合成窗口中单击并输入文字"AFTER EFFECTS"，如图 4-58 所示。字体大小、位置等读者可自行设置。

6）把文字"AFTER EFFECTS"作为"轨道蒙版扫光底色"层的轨道遮罩，设置如图 4-59 所示，合成窗口的效果如图 4-60 所示。

7）按"Ctrl+Y"组合键，新建一个白色的纯色层，为层添加矩形蒙版，并为其设置"蒙版路径"动画。在 0 秒的位置，设置"蒙版路径"位置如图 4-61 所示。

8）在 8 秒的位置，设置"蒙版路径"位置如图 4-62 所示。

图 4-55　轨道蒙版扫光底色

图 4-56　高斯模糊设置

图 4-57　高斯模糊效果

图 4-58　文字效果

图 4-59　TrkMat 设置

图 4-60　合成窗口效果

图 4-61　0 秒蒙版路径位置

图 4-62　8 秒蒙版路径位置

　　9）选择文字"AFTER EFFECTS"层，按"Ctrl+D"组合键，复制图层。将新复制的"AFTER EFFECTS 2"层移动到白色纯色层之上，并将其作为白色纯色层的 Alpha 遮罩层，设置如图 4-63 所示。完成效果如图 4-64 所示。

图 4-63　白色纯色层 TrkMat 设置　　　　　　图 4-64　完成效果

10）这样就完成了轨道遮罩"扫光动画"实例。按"空格"键或小键盘上的"0"键预览动画，最后选择一种格式渲染输出。

4.4　蒙版与遮罩的综合运用

蒙版与遮罩的应用十分广泛，为进一步巩固上面所学的知识，下面设计一个"DOG TURN CAT"的动画实例，完成的效果如图 4-65 所示。

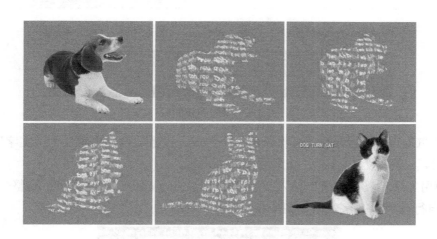

图 4-65　"DOG TURN CAT"动画完成效果

1）打开 After Effects，执行菜单栏中的"合成"→"新建合成"命令，新建一个合成。设置"合成名称"为"DOG TURN CAT"，"预设"为"PAL D1/DV"，持续时间为10 秒。

2）执行菜单栏中的"图层"→"新建"→"纯色"命令，新建一个纯色层。设置"名称"为"背景"，大小与合成相同，颜色为绿色（R：99，G：158，B：24）。

3）用鼠标左键双击项目面板，导入素材→4 章→4.4→"dog""cat"与"置换贴图"。

4）将素材"dog"放置在背景图层之上，效果如图 4-66 所示。用钢笔工具绘制蒙版使"dog"层的白色区域透明，效果如图 4-67 所示。

图4-66 "dog"层

图4-67 "dog"层蒙版

5）将素材"cat"放置在"dog"图层之上，效果如图4-68所示。用钢笔工具绘制蒙版使"cat"层的白色区域透明，图层效果如图4-69所示。此时时间线面板如图4-70所示。

图4-68 "cat"层

图4-69 "cat"层蒙版

图4-70 时间线面板

6）按"Ctrl+N"组合键，再次新建一个合成，设置"合成名称"为"文字"，设置宽度为"1024"，高度为"819"，持续时间为10秒。

7）使用文字工具在合成中输入文字"dog cat dog cat…"，使文字布满整个合成，文字大小可自行调节，文字效果如图4-71所示。

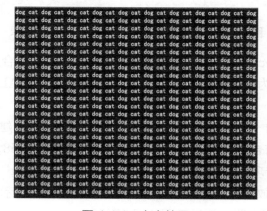

图4-71 文字效果

8）选择项目面板中的"文字"合成，将其拖曳到"DOG TURN CAT"合成的"dog"层之下来作为层使用，时间线面板如图 4-72 所示。

图 4-72　时间线面板

9）选择"文字"层，按"P"键打开该层的位置属性，为位置设置关键帧动画，0 秒设置位置参数为（516，412），如图 4-73 所示。10 秒设置位置参数为（206，170），如图 4-74 所示。使文字层由右下向左上移动。

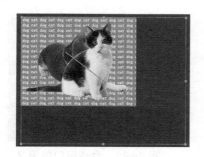

图 4-73　文字 0 秒位置　　　　　　　　图 4-74　文字 10 秒位置

10）先关掉"cat"层的显示。然后将"dog"层作为"文字层"的轨道遮罩，选择"文字"右侧 TrkMat 栏的"无"修改为"Alpha 遮罩"如图 4-75 所示。此时合成窗口效果如图 4-76 所示。

11）选择项目面板中的素材"置换贴图"，将其放置于最底层，这是由于要利用其纹理作为置换图使用，但不需其在视图中显示。时间线面板如图 4-77 所示。

图 4-75　轨道蒙版设置

图 4-76　合成窗口效果 1　　　　　　　图 4-77　时间线面板置换层

12）此时文字为平面效果，要将它转化为立体的显示效果，选择文字层，执行菜单栏中的"效果"→"扭曲"→"置换图"命令，设置参数如图 4-78 所示。合成窗口效果如图 4-79 所示。

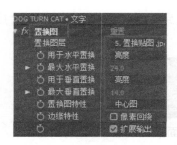

图4-78 "置换图"设置

图4-79 合成窗口效果2

13）进一步增强"文字"层的立体效果。选择文字层，执行菜单栏中的"效果"→"扭曲"→"球面化"命令，设置参数如图4-80所示。合成窗口效果如图4-81所示。

图4-80 球面化设置

图4-81 合成窗口效果3

14）为"文字"层再添加一个投影效果，来模拟背面的纹理。执行菜单栏中的"效果"→"透视"→"径向阴影"命令，设置参数如图4-82所示。合成窗口效果如图4-83所示。

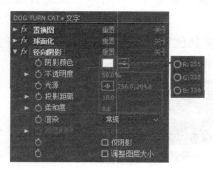

图4-82 径向阴影设置

图4-83 合成窗口效果4

15）选择"dog"层，按键盘上的"M"键展开蒙版属性，将时间调整到2秒的位置，为"蒙版路径"设置关键帧。

16）选择"cat"层，按"M"键展开蒙版属性，为"蒙版路径"设置关键帧。

17）将时间调整到7秒的位置，复制"cat"层的关键帧，将其粘贴到"dog"层的蒙版路径属性上，为"dog"层制作蒙版变形动画。合成窗口2秒时的效果如图4-84所示，7秒时的效果如图4-85所示。

18）可以看到在7秒时，立体效果不够强。选择"文字"层按"F3"键，切换到效果面板，将时间调整到2秒，为球面中心设置关键帧。将时间调整到7秒，调整参数如图4-86所示，此时合成窗口最终效果如图4-87所示。

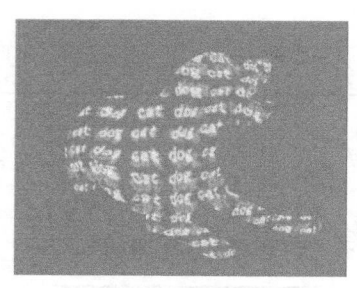

图 4-84　2 秒时效果

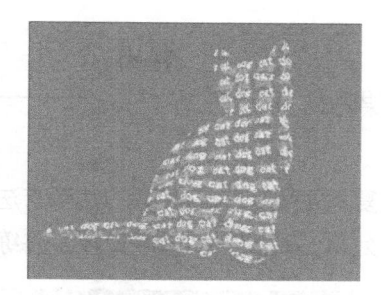

图 4-85　7 秒时效果

图 4-86　球面化设置

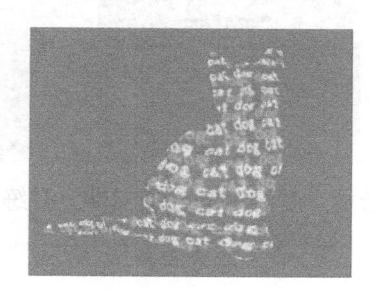

图 4-87　合成窗口最终效果

19）选择"dog"层，按"Ctrl+D"组合键复制图层"dog1"。选择新复制的"dog1"层，并开启其显示。将时间线调整到 2 秒之前，按"U"键展开图层现有的关键帧，选择蒙版路径的关键帧并删除。按"T"键，展开"不透明度"属性，为"不透明度"设置动画。将时间调整到 1 秒的位置，设置"不透明度"值为 100，再将时间调整到 2 秒，将"不透明度"值设置为 0。

20）选择"cat"层，打开其图层显示，按"T"键，展开"不透明度"属性，并为"不透明度"设置动画。将时间调整到 7 秒的位置，设置"不透明度"值为 0。再将时间调整到 8 秒，将"不透明度"值设置为 100。

21）选择文字工具，在合成窗口中输入"DOG TURN CAT"，调整位置和大小如图 4-88 所示，字体可自行设置，也可添加一定的"投影"效果。

22）利用矩形工具为"DOG TURN CAT"层添加蒙版，效果如图 4-89 所示。将时间调整到 8 秒的位置，为"蒙版路径"设置关键帧，并调整形状如图 4-90 所示。将时间调整到 9 秒，将蒙版路径恢复为原状。

23）这样就完成了"DOG TURN CAT"的动画。按"空格"键或小键盘上的"0"键预览动画，最后选择一种格式渲染输出。

图 4-88　文字效果

图 4-89　绘制蒙版

图 4-90　8 秒时蒙版效果

课后作业与练习

1）复习蒙版与轨道遮罩的使用方法。

2）分析"燃烧"动画源文件，并练习制作"燃烧"动画。

3）分析"变换"动画源文件，并练习制作"变换"动画。

AE

第 5 章

键控技术

对于一部复杂的影片而言，使用蒙版技术并不能解决所有的透明要求。例如，当演员的动作幅度比较大时，就需要对每一帧都设置蒙版路径的动画，但这样工作量过大，而且效果也不够理想。此时就需要应用另一种制作图像透明的技术即键控技术。通过键控技术，可以根据需要为素材重新定义出 Alpha 通道，然后完成影片的合成。

教学目标与知识点

| 教学目标 | 1）具备应用不同种类键控特效的能力。
2）掌握不同种类键控特效所适用的场合。 |
| 知 识 点 | 1）颜色插值键、颜色范围的使用方法。
2）Keylight 键控的使用方法。 |

【 授课建议 】

总学时：4 学时（180min）

教 学 内 容	教 学 手 段	建议时间安排/min
键控技术的概念	视频作品演示讲解	
颜色差值键	软件演示讲解 学生操作	90
颜色范围		
Keylight		85
课程总结 布置课后作业与练习	讲解	5

5.1　键控技术的概念

键控技术是在影视制作领域被广泛应用的技术手段。其原理是让演员在蓝色或绿色背景前进行表演，然后将拍摄的素材数字化，再使用键控技术，将背景颜色变为透明。After Effects 通过一个 Alpha 通道识别图像中的透明度信息，然后与计算机制作的背景或其他场景素材进行叠加合成。之所以使用蓝色或绿色背景，是因为人的身体不含这两种颜色。

5.2　颜色差值键

颜色差值键效果通过将图像分为"遮罩部分 A"和"遮罩部分 B"两个遮罩，在相对的起始点创建透明度。"遮罩部分 B"使透明度基于指定的主色，而"遮罩部分 A"使透明度基于不含第二种不同颜色的图像区域。通过将这两个遮罩合并为第三个遮罩（称为"Alpha 遮罩"），颜色差值键效果可创建明确定义的透明度值。

5.2.1　认识颜色差值键

颜色差值键效果可为以蓝屏或绿屏为背景拍摄的所有亮度适宜的素材项目实现优质抠像，特别适合包含透明或半透明区域的图像，如烟、阴影或玻璃。参数面板如图 5-1 所示。

图 5-1　颜色差值键参数面板

1）预览：左侧显示源素材的缩略图。右侧显示调整后的遮罩情况。中间区域为吸管区域，从上到下分别为：吸取图像中键控的颜色、在遮罩视图中选择透明区域、在遮罩视图中选择不透明的区域。下面的"A""B""a"分别用于查看"遮罩 A""遮罩 B"和"Alpha 遮罩"。

2）视图：用于切换合成窗口中的显示模式，可以选择多种视图。

3）主色：显示和设置从图像中删除的颜色。

4）颜色匹配准确度：设置颜色匹配的准确程度。"更快"匹配的速度快，但精度低；"更准确"匹配的精度高，速度慢。

5）区域 A：调整遮罩 A 的参数准确度。

6）区域 B：调整遮罩 B 的参数准确度。

7）遮罩区：调整 Alpha 遮罩的参数准确度。

5.2.2　颜色差值键应用

1）打开 After Effects 在项目面板中双击，导入素材→5 章→5.2.2→背景与玻璃杯。

2）将素材"背景"拖曳至"合成窗口"，以其大小产生一个合成。将"玻璃杯"加入合成，并放置在"背景"层上方。此时合成窗口的原始素材效果如图 5-2 所示。

3）选择"玻璃杯"层，执行菜单栏中的"效果"→"键控"→"颜色差值键"选项，此时合成窗口的效果如图 5-3 所示。可以看到蓝色的背景已经有了一定的透明度。

图 5-2　原始素材效果　　　　　图 5-3　应用颜色差值键默认效果

4）选择键控颜色吸管 ，单击合成窗口中的蓝色区域，如图 5-4 所示。

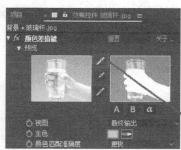　

图 5-4　键控色操作

5）继续选择透明区域拾取吸管 ，单击"Alpha 遮罩"左下角的灰色区域。此时合成窗口的效果如图 5-5 所示。

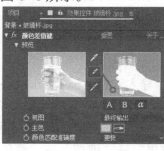　

图 5-5　透明区域操作

6）此时已经有了较好的透明效果，但手部区域不应该是透明的，还要进行调整。选择不透明拾取滴管 ，单击"Alpha 遮罩"中手部的灰色区域，直到其完全变为白色。完成的效果如图 5-6 所示。

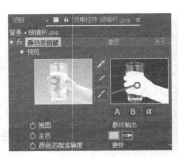

图 5-6　不透明区域操作及完成效果

5.3　颜色范围

颜色范围效果可创建透明度，具体方法是在 Lab、YUV 或 RGB 颜色空间中抠出指定的颜色范围。

5.3.1　认识颜色范围键控

颜色范围键控可以在包含多种颜色的屏幕上，或在亮度不均匀且包含同一颜色的不同阴影的蓝屏或绿屏上使用。参数面板如图 5-7 所示。

1）预览：用于显示遮罩情况的缩略图。

2）吸管：用于吸取图像中的键控色。

3）加选吸管：用于增加键控色的颜色范围。

4）减选吸管：用于减少键控色的颜色范围。

5）模糊：用于调整边缘柔化度。

6）色彩空间：设置键控所使用的颜色模式，包括 Lab、YUV 和 RGB 共 3 个选项。

图 5-7　颜色范围参数面板

7）最小值/最大值：精确调整颜色空间中开始范围的最小值和结束范围的最大值。

5.3.2　颜色范围键控应用

1）打开 After Effects 在项目面板中双击，导入素材→5 章→5.3.2→背景与人物。

2）将素材"背景"拖曳至"合成窗口"，以其大小产生一个合成。将"人物"加入合成，并放置在"背景"层上方。此时合成窗口的原始素材效果如图 5-8 所示。

3）选择"人物"层，执行菜单栏中的"效果"→"键控"→"颜色范围"选项，用吸管工具单击合成中的绿色背景，如图 5-9 所示。从合成窗口中可以看到绿色背景已经有部分变为了透明。

4）选择加选吸管，并在合成窗口的剩余绿色背景上加选，直到绿色背景消失。效果如图 5-10 所示。

5）从预览窗口可以看到人物的裙子区域还存在着一定的透明，如图 5-11 所示。将模糊调整为 15，使人物裙子完全变为白色，再次选择加选吸管 ，吸取多余的背景，直到使预览中的整个人物遮罩完全变为白色，完成效果如图 5-12 所示。

图 5-8　原始素材效果

图 5-9　键控色操作

图 5-10　加选效果

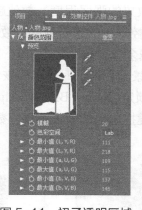

图 5-11　裙子透明区域

图 5-12　完成效果

5.4　Keylight

Keylight 是一个屡获殊荣并经过产品验证的蓝绿屏幕抠像插件。这么多年以来，Keylight 不断的改进，目的就是为了使抠像能够更快和更简单。同时它还对工具向深度挖掘，以适应处理最具挑战性的镜头。参数面板如图 5-13 所示。

5.4.1　认识 Keylight 键控

Keylight 易于使用，并且非常擅长处理反射、半透明区域和头发。

图 5-13　Keylight 参数面板

1）View：设置图像在合成窗口中的显示方式。

2）Unpremultiply Result：启用该选项，设置图像为不带 Alpha 通道显示效果。反之为带 Alpha 通道显示效果，如图 5-14 所示。

图 5-14 Unpremultiply Result 应用前后效果

3）Screen Colour：设置需要键控的颜色。

4）Screen Gain：设置键控效果的强弱程度，数值越大，键控出的颜色越多。

5）Screen Balance：设置键控颜色的平衡程度，数值越大，平衡效果越明显。

6）Despill Bias：设置替换残余背景色的颜色。

7）Alpha Bias：当前景与背景颜色相近时，用于恢复屏幕蒙版区域过多键控的颜色。

8）Lock Biaes Together：锁定 Despill Bias 与 Alpha Bias。

9）Screen Pre-blue：设置键控边缘的模糊效果，数值越大，模糊效果越明显。应用前后的效果如图 5-15 所示。

图 5-15 Screen Pre-blue 应用前后效果

10）Screen Matte：设置键控区域图像的属性，使屏幕蒙版的黑色区域更黑，白色区域更白。参数面板如图 5-16 所示。应用前后的效果如图 5-17 所示。

图 5-16 Screen Matte 面板

图 5-17　Screen Matte 应用前后效果

① Clip Black：消除屏幕蒙版中黑色区域的灰色杂点。

② Clip White：消除屏幕蒙版中白色区域的灰色杂点。

③ Clip Rollback：用于恢复屏幕蒙版边缘被破坏的细节。

④ Screen Shrink/Grow：设置键控边缘图像收缩或扩展，减小数值收缩，增大数值扩展。

⑤ Screen Softness：柔化键控边缘图像，使图像更好地与背景融合。

⑥ Screen Despot Black：增大数值将消除屏幕蒙版中白色区域孤立的黑色杂点。

⑦ Screen Despot White：增大数值将消除屏幕蒙版中黑色区域孤立的白色杂点。

⑧ Replace Method：用于消除因键控而破坏的细节，多用于控制屏幕蒙版中的灰色区域。

⑨ Replace Colour：用于替换屏幕蒙版其他参数无法去掉的残余颜色。

11）Inside Mask：用于保持前景色，使其不被透明，如蓝屏前演员蓝色的眼睛。参数面板如图 5-18 所示。应用前后的效果如图 5-19 所示。

图 5-18　Inside Mask 面板

图 5-19　Inside Mask 应用前后效果

① Inside Mask：用于保持前景色的内遮罩。

② Inside Mask Softness：设置内遮罩的柔化程度。

③ Invert：反转内遮罩的区域。

④ Replace Method：选择替换内遮罩区域的方式。

⑤ Replace Colour：设置替换内遮罩区域内透明区的颜色。

⑥ Source Alpha：设置原图像中的 Alpha 显示方式。

12）Outside Mask：用于去掉背景中非键控色的多余区域，如灯、摄像机等。参数面板如图 5-20 所示。应用前后的效果如图 5-21 所示。

图 5-20　Outside Mask 面板

图 5-21　Outside Mask 应用前后效果

① Outside Mask：定义用于去掉背景色的外遮罩。

② Outside Mask Softness：设置外遮罩的柔化程度。

③ Invert：反转外遮罩的区域。

13）Foreground Colour Correction：用于校正前景的颜色。参数面板如图 5-22 所示。应用前后的效果如图 5-23 所示。

① Enable Colour Correction：启用校正前景色属性。

② Saturation：设置前景色的饱和度。

③ Contrast：设置前景色的对比度。

④ Brightness：设置前景色的亮度。

⑤ Colour Suppression：通过设置抑制类型，来抑制某一颜色的色彩平衡和数量。

⑥ Colour Balancing：通过 Hue 和 Sat 两个属性，控制前景色的色彩平衡。

图 5-22　Foreground Colour Correction 面板

图 5-23　Foreground Colour Correction 应用前后效果

14）Edge Colour Correction：用于键控边缘设置，该选项和前景校正的属性基本类似。参数面板如图 5-24 所示。应用前后的效果如图 5-25 所示。

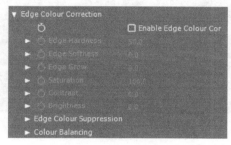

图 5-24　Edge Colour Correction 面板

① Enable Edge Colour Correction：启用前景色边缘颜色校正属性。

② Edge Hardness：设置前景色边缘的硬度。

③ Edge Softness：设置前景色边缘的柔化程度。

④ Edge Grow：设置前景色边缘的厚度。

⑤ Saturation：设置前景色边缘的饱和度。

⑥ Contrast：设置前景色边缘的对比度。

⑦ Brightness：设置前景色边缘的亮度。

⑧ Colour Suppression：通过设置抑制类型，来抑制前景色边缘某一颜色的色彩平衡和数量。

⑨ Colour Balancing：通过 Hue 和 Sat 两个属性，控制前景色边缘的色彩平衡。

图 5-25　Edge Colour Correction 应用前后效果

15）Source Crops：设置裁剪影像的属性。参数面板如图 5-26 所示。应用前后的效果如图 5-27 所示。

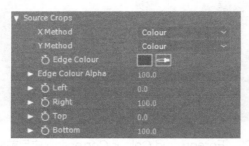

图 5-26　Source Crops 面板

图 5-27　Source Crops 应用前后效果

① X /Y Method：分别设置 X、Y 轴轴向的裁剪方式，各提供了 4 种模式。

Colour：用 Edge Colour 来设置裁剪的颜色。

Repeat：用前景色的颜色来设置裁剪的颜色。

Reflect：用前景图像的反射效果来设置裁剪的效果。

Wrap：用平铺前景图像来设置裁剪效果。

② Edge Colour：设置裁剪边缘的颜色。

③ Edge Colour Alpha：设置裁剪边缘的 Alpha 透明度。

④ Left：设置裁剪边缘左侧的尺寸。

⑤ Right：设置裁剪边缘右侧的尺寸。

⑥ Top：设置裁剪边缘顶部的尺寸。

⑦ Bottom：设置裁剪边缘底部的尺寸。

5.4.2　Keylight 键控应用

1）打开 After Effects 在项目面板中双击，导入素材→5 章→5.4.2→背景与人物。

2）将素材"背景"拖曳至"合成窗口"，以其大小产生一个合成，如图 5-28 所示。将"人物"加入合成，并放置在"背景"层上方。此时合成窗口的效果如图 5-29 所示。

3）选择"人物"层，执行菜单栏中的"效果"→"键控"→"Keylight"选项，利用 Screen Colour 右侧的 吸取绿色背景，并将 View 模式设置为 Screen Matte，如图

5-30 所示。此时 Screen Matte 显示效果如图 5-31 所示。

图 5-28　背景

图 5-29　键控素材

图 5-30　Keylight 基本参数设置

图 5-31　Screen Matte 显示效果 1

4）为解决残余的背景色以及前景人物的透明问题，设置参数如图 5-32 所示。此时 Screen Matte 显示效果如图 5-33 所示。

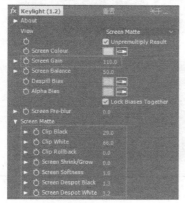

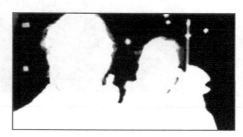

图 5-32　Keylight 基本参数与 Screen Matte 面板设置　图 5-33　Screen Matte 显示效果 2

5）利用 Outside Mask 去掉背景中的光点，遮罩范围如图 5-34 所示，设置 Outside Mask 参数如图 5-35 所示。

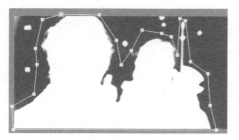

图 5-34　遮罩范围

图 5-35　Outside Mask 面板设置

6）最后设置 View 方式为 Final Result，如图 5-36 所示，完成效果如图 5-37 所示。

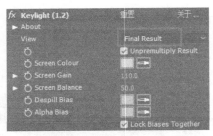

图 5-36　Final Result 显示方式　　　　　　　　图 5-37　完成效果

课后作业与练习

1）复习颜色插值键、颜色范围键控的使用方法。

2）学习"内部/外部键"的使用方法。

3）学习"线性颜色键"的使用方法。

06 Chapter

第 6 章

三维空间

　　After Effects 从 5.0 开始就内置了三维功能，经过一系列版本的改良，到 2017 版本三维空间功能已经更加的成熟和完善。目前已有很多插件和第三方软件都能支持 After Effects 中的三维灯光和摄像机。三维空间功能已经成为 After Effects 不可或缺的重要功能之一。

教学目标与知识点

教学目标
1）认识 After Effects 三维图层的概念。
2）理解 After Effects 三维图层的属性。
3）掌握 After Effects 三维空间动画的制作方法

知识点
1）After Effects 三维图层的使用方法。
2）After Effects 三维灯光与摄像机的使用方法。
3）After Effects 三维动画的综合运用方法。

【授课建议】

总学时：8 学时（360min）

教 学 内 容	教 学 手 段	建议时间安排/min
三维空间的概念	效果演示与操作讲解 学生操作	90
三维图层的属性		
三维动画实例（家庭影院）		265
课程总结 布置课后作业与练习	讲解	5

6.1 三维空间的概念

三维空间是指拥有长宽高的立体空间，现实中的所有物体都是处于三维空间中的。这里的三维空间是在二维的基础上加入深度的概念而形成的。例如，在一张纸上的画，它并不具有深度，无论怎么旋转、变换角度，对于纸上的画来说，它都不会产生变化。画并不具有深度，它是由 x、y 两个坐标轴构成的。

如果通过旋转物体或改变观察视角，所观察的图像将产生变化，即为所指的三维空间，如图 6-1 所示。

图 6-1 三维空间

三维空间中的对象会与其所处的空间相互发生影响，如产生阴影、遮挡等。而且由于观察角度的关系，还会产生透视、聚焦等效果。

6.2 三维图层的属性

在 After Effects 中进行三维空间合成，其实非常简单，只需要将图层的 3D 属性⬛打开即可（如发现没有 3D 属性⬛，可单击时间线面板下方的 切换开关/模式 按钮进行切换），如图 6-2 所示。将图层的 3D 属性打开后，该图层便处于三维空间内，此时会发现在原有 X、Y 坐标轴的基础上，自动为图层赋予了 Z 轴的属性。并且在"变换"属性下方，多出了"几何选项"与"材质选项"，如图 6-3 所示。

图 6-2 三维属性

图 6-3 几何选项与材质选项

6.2.1　认识三维图层属性

（1）变换　图层的基本属性。

1）Z轴锚点：控制锚点的Z轴轴向位置。

2）Z轴位置：控制Z轴的空间位置。

3）Z轴缩放：控制Z轴的缩放。

4）Z轴方向：控制Z轴的方向（在360°范围内变化）。

5）Z轴旋转：控制Z轴的旋转（当到达360°时，进位为圈数）。

（2）几何选项　可更换渲染器类型，从而决定该层是作为平面还是立体图层使用。

1）经典3D：传统的After Effects渲染器。图层可以作为平面放置在3D空间中。

2）CINEMA 4D：渲染器支持文本和形状的凸出。

3）光线追踪3D：渲染器支持文本和形状的凸出。推荐使用NVIDIA CUDA卡。

（3）材质选项　决定图层的材质属性。

1）投影：设置图层是否产生投影。"关"不产生投影；"开"产生投影；"仅"只产生投影。

2）透光率：当投影属性为"开"和"仅"时有效。用于决定图层的透光强度，"0%"不透光；"100%"透光最强。

3）接受阴影：设置图层是否接受阴影。"开"接受阴影；"仅"只接受阴影；"关"不接受阴影。

4）接受灯光：设置图层是否接受灯光。"开"接受灯光；"关"不接受灯光。

5）环境：当灯光为"环境"类型时有效。"0%"不受影响；"100%"受影响最强。

6）漫射：控制图层接受灯光的强度，参数越高则图层显得越亮。

7）镜面强度：控制图层的灯光反射级别，当灯光照到镜子上时，镜子会产生一个高光点。镜子越光滑，高光点越明显。调整该参数，可以控制图层的镜面反射级别，数值越高，反射级别越高，产生的高光点越明显。

8）镜面反光度：控制高光点的大小。该参数仅当"镜面强度"不为0时有效。值越高，则高光越集中，高光点越小。

9）金属质感：控制图层的金属质感强度。

6.2.2　三维图层属性应用

本节设计一个"三维图层属性"实例，进行练习，完成效果如图6-4所示。

图6-4　"三维图层属性"实例完成效果

1）启动 After Effects，执行菜单栏中的"合成"→"新建合成"命令，新建一个合成。设置"合成名称"为"三维图层属性"，设置宽高为 720×576 像素，长宽比为"方形像素"，帧速率为 25 帧/秒，持续时间为 10 秒。

2）按"Ctrl+Y"组合键，创建纯色层"地面"，设置宽高为 800×400 像素，长宽比为"方形像素"，颜色为浅灰色（R：199，G：199，B：199）。

3）开启图层"地面"的 3D 属性🗄并设置参数，如图 6-5 所示。选择"地面"层，按"Ctrl+D"组合键复制图层，将新复制的层命名为"墙体"，设置参数如图 6-6 所示。

图 6-5　"地面"层参数设置　　　　　　　　图 6-6　"墙体"层参数设置

4）执行菜单栏中的"图层"→"新建"→"摄像机"命令，设置参数如图 6-7 所示。

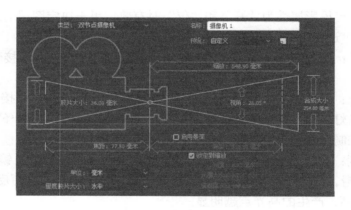

图 6-7　摄像机参数设置

5）选择"摄像机"图层，按快捷键"C"键，切换为摄像机工具，如图 6-8 所示。在合成窗口中调整摄像机的角度，如图 6-9 所示。

图 6-8　摄像机调节工具

图 6-9　摄像机视角

 提示：

在场景中建立摄像机后，可以使用工具栏中的摄像机工具调整摄像机视图。

统一摄像机工具：可以自由操作摄像机。配合左键为旋转工具，配合中键为移动工具，配合右键为拉伸工具。

轨道摄像机工具：可以旋转摄像机视图。选择该工具，将鼠标放置到摄像机视图中。左右拖动鼠标可以水平旋转摄像机视图；上下拖动鼠标，可以垂直旋转摄像机视图。

跟踪 XY 摄像机工具：可以移动摄像机视图。选择该工具，将鼠标放置到摄像机视图中。左右拖动鼠标可以水平移动摄像机视图；上下拖动鼠标，可以垂直移动摄像机视图。

跟踪 Z 摄像机工具：可以沿 Z 轴拉远或推进摄像机视图。选择该工具，将鼠标放置到摄像机视图中。向下拖动鼠标拉远摄像机视图；向上拖动鼠标，推进摄像机视图。

6）在项目面板中导入素材→6 章→6.2.2→图标.tga 文件。将其拖曳至时间线窗口，打开"图标"层的 3D 属性，设置参数如图 6-10 所示。此时合成窗口效果如图 6-11 所示。

图 6-10 "图标"层参数设置

图 6-11 视图效果

7）执行菜单栏中的"图层"→"新建"→"灯光"命令，设置参数如图 6-12 所示。选择合成窗口下面的"视图切换"按钮，选择"4 个视图"选项，如图 6-13 所示。

图 6-12 灯光设置

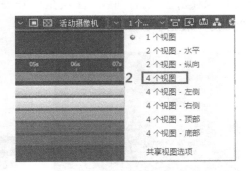

图 6-13 4 个视图切换

 提示：

在创建灯光时，在"灯光类型"下拉列表中包括四种灯光类型：平行、聚光、点、环境。

平行：从一个点发射光线并照向目标点。它可以照亮目标点上的所有对象。

聚光：从一个点向目标点以锥形发射光线。根据锥形角度确定照射面积。

点：从一个点向四周发射光线。

环境：没有光线的发射点。它可以照亮场景中的所有对象，无法产生阴影。

① 强度：设置灯光的强度。

② 颜色：设置灯光的颜色。

③ 锥形角度：选择聚光后，该参数被激活。用于设置聚光灯的锥形角度。

④ 锥形羽化：选择聚光后，该参数被激活。可以为聚光灯照射区域设置一个柔和边缘。

⑤ 衰减：计算灯光半径以及距离上的衰减。包括无、平滑、反向正方形已固定。

⑥ 半径：用于计算光线从中心向四周衰减的强度。数值越大，中心越亮。

⑦ 衰减距离：用于计算距离上的衰减强度。数值越大，衰减越不明显。

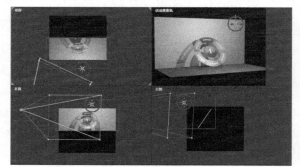

⑧ 投影：是否开启投影。

⑨ 投影深度：设置投影颜色的深度。数值较大时，产生的投影颜色较深。

⑩ 阴影扩散：根据层与层之间的距离产生柔和的漫反射投影。较低的值产生的投影边缘较硬。

8）利用工具栏上的选择工具 ▶，调整灯光位置，如图 6-14 所示。

图 6-14　灯光位置调节

9）设置"图标"层的"材质选项"如图 6-15 所示。

10）为了使灯光能够跟踪被照射的对象，选择灯光层将其链接到"图标"层上，选择时间线上灯光层的父子链接工具 不放，拖曳到"图标"层即可，如图 6-16 所示（如没有父子链接工具 ，可在时间线"图层全局开关栏"的空白区域，单击鼠标右键，选择"队列"→"父级"来显示，如图 6-17 所示）。

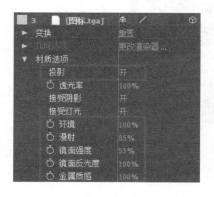

图 6-15　"图标"层属性设置

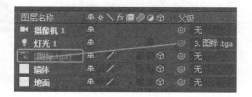

图 6-16　　"灯光"层链接到"图标"层

11）设置"图标"层 X 轴旋转动画。在 0 秒处设置 X 轴旋转为 0x+0.0°；4 秒处为 0x-43°；10 秒处为 0x+0.0°。

图 6-17　显示"父级"

12）设置摄像机动画。0 秒如图 6-18 所示、4 秒如图 6-19 所示、10 秒如图 6-20 所示。

图 6-18　摄像机 0 秒设置

图 6-19　摄像机 4 秒设置　　　　　　　图 6-20　摄像机 10 秒设置

13）这样就完成了"三维图层属性"的动画。按"空格"键或小键盘上的"0"键预览动画，最后选择一种格式渲染输出。

6.3　三维动画实例（家庭影院）

本节设计一个"家庭影院"实例，进行练习，完成效果如图 6-21 所示。

图 6-21　"家庭影院"实例完成效果

6.3.1　跳动的马赛克

1）启动 After Effects，执行菜单栏中的"合成"→"新建合成"命令，新建一个合成。设置"合成名称"为"跳动的马赛克"，尺寸为 800×500 像素，长宽比为"方形像素", 帧速率 25 帧/秒, 持续时间为 10 秒。

2) 按 "Ctrl+Y" 组合键, 创建纯色层命名为 "马赛克", 尺寸与合成相同, 长宽比为 "方形像素", 颜色保持默认即可。

3) 选择 "马赛克" 层, 执行菜单栏中的 "效果" → "杂色和颗粒" → "分形杂色" 选项, 并设置参数如图 6-22 所示。为 "分形杂色" 的 "演化" 属性设置动画, 0 秒为 0x+0.0°; 10 秒为 2x+0.0°。此时 "马赛克" 层的效果如图 6-23 所示。

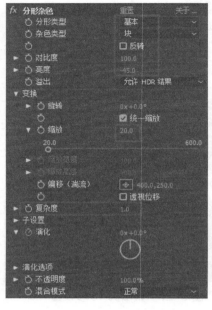

图 6-22 0 秒分形杂色参数 图 6-23 "马赛克" 层的效果

4) 选择图层 "马赛克", 执行菜单栏中的 "效果" → "生成" → "网格" 命令, 设置参数如图 6-24 所示。此时效果如图 6-25 所示。

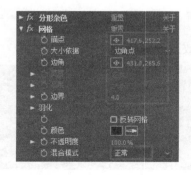

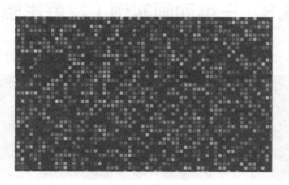

图 6-24 "网格" 参数设置 图 6-25 添加 "网格" 后的效果

6.3.2 音箱

1) 执行菜单栏中的 "合成" → "新建合成" 命令, 新建一个合成。设置 "合成名称"

为"音箱四面",尺寸为 220×220 像素,长宽比为"方形像素",帧速率 25 帧/秒,持续时间为 10 秒。

2)选择前面创建的"跳动的马赛克"合成,将其作为一个图层拖入"音箱四面"合成中,并将其"缩放"值设置为 44。导入素材→6 章→6.3→音箱.jpg 文件,并将其放置到"跳动的马赛克"上层,设置图层模式为"叠加",如图 6-26 所示。

图 6-26 "音箱"层模式设置

3)按"Ctrl+Y"组合键,在"音箱"图层上创建一个纯色层,命名为"边缘",选择"边缘"层,执行菜单栏中的"效果"→"杂色和颗粒"→"分形杂色"选项,参数保持默认,双击工具栏上的矩形工具为其创建一个矩形"蒙版",调整蒙版大小为边缘留下较细的空间,如图 6-27 所示,将蒙版模式调整为"相减",此时合成窗口的效果如图 6-28 所示。

图 6-27 蒙版设置

图 6-28 蒙版相减模式设置

4)在项目面板中选择"音箱四面"合成,按"Ctrl+D"组合键复制该合成,并将名称修改为"音箱顶底",双击"音箱顶底"合成将该合成中的"音箱"jpg 图层删除,此时合成窗口效果如图 6-29 所示。

5)执行菜单栏中的"合成"→"新建合成"命令,新建一个合成。设置"合成名称"为"音箱",尺寸为 800×500 像素,长宽比为"方形像素",帧速率 25 帧/秒,持续时间为 10 秒。

6)将项目面板中的"音箱四面"合成作为一个图层拖曳到"音箱"合成中,打开"音箱四面"层的 3D 属性,然后按"A"键打开图层的"锚点"属性,将 Z 轴参数调整为 110。

图 6-29 "音箱顶底"效果

7)选择"音箱四面"层,执行菜单栏中的"效果"→"风格化"→"发光"选项,设置参数如图 6-30 所示。按"Ctrl+D"组合键复制该图层,选择新复制的层按"R"键切换到图层的旋转参数,将 Y 轴的旋转角度设置为 180°,在合成窗口下面将视图模式切换为 自定义视图1 ,此时合成窗口的效果如图 6-31 所示。

8)再次选择图层"音箱四面",按"Ctrl+D"组合键两次,将新复制的两个层的一个 Y 轴旋转设置为 90°,另一个 Y 轴旋转设置为-90°。并在效果面板中修改它们的"发光"

效果参数如图 6-32 所示。此时合成窗口效果如图 6-33 所示。

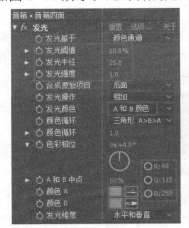

图 6-30 "发光"设置

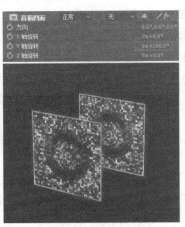

图 6-31 合成窗口效果 1

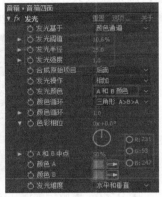

图 6-32 "发光"设置

图 6-33 合成窗口效果 2

9）将项目面板中的"音箱顶底"合成作为一个图层拖曳到"音箱"合成中，打开"音箱顶底"层的 3D 属性，然后按"A"键打开图层的"锚点"属性，将 Z 轴参数调整为 110，按"R"键切换到图层的旋转参数，将 X 轴的旋转设置为 90°。执行菜单栏中的"效果"→"风格化"→"发光"命令，设置参数如图 6-34 所示。按"Ctrl+D"组合键复制该图层，将新复制层的 X 轴旋转设置为-90°。完成效果如图 6-35 所示。

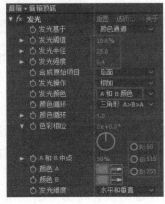

图 6-34 "发光"设置

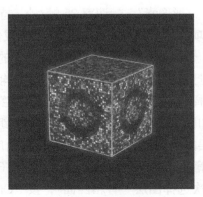

图 6-35 合成窗口效果 3

6.3.3 背景

1）执行菜单栏中的"合成"→"新建合成"命令，新建一个合成。设置"合成名称"为"背景"，尺寸为800×500像素，长宽比为"方形像素"，帧速率25帧/秒，持续时间为10秒。

2）在项目面板中选择"跳动的马赛克"合成，将其作为一个图层拖入"背景"合成中，按"Ctrl+Y"组合键，在"跳动的马赛克"图层上创建一个纯色层，命名为"染色"，执行菜单栏中的"效果"→"生成"→"梯度渐变"命令，设置参数如图6-36所示。

3）选择"染色"层，将其图层模式修改为"叠加"，完成效果如图6-37所示。

图6-36 "梯度渐变"设置

图6-37 背景完成效果

6.3.4 电视机

1）执行菜单栏中的"合成"→"新建合成"命令，新建一个合成。设置"合成名称"为"电视机"，尺寸为800×500像素，长宽比为"方形像素"，帧速率25帧/秒，持续时间为10秒。

2）在项目面板中选择"跳动的马赛克"合成，将其作为一个图层拖入"电视机"合成中，按"Ctrl+Y"组合键，在"跳动的马赛克"图层上创建一个纯色层，命名为"电视机"，颜色为浅灰色（R：199，G：199，B：199）。

3）选择"电视机"层，单击工具栏上的█图标为其创建一个矩形"蒙版"，如图6-38所示，将其蒙版模式修改为"相减"。

4）选择"跳动的马赛克"层，将其"TrkMat"修改为"Alpha遮罩"，如图6-39所示。

图6-38 蒙版完成效果

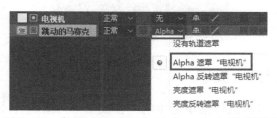
图6-39 "跳动的马赛克"层"TrkMat"模式设置

5）按"Ctrl+Y"组合键，再创建一个纯色层，颜色为白色。将其放置于"电视机"图层之上，命名为"电视机边缘"，目的是创建两个如图6-40所示的边缘效果。

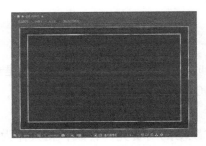

图 6-40 "电视机边缘"层效果

6）选择"电视机边缘"层，执行菜单栏中的"效果"→"杂色和颗粒"→"分形杂色"选项，参数保持默认，双击工具栏上的▢图标为其创建一个矩形"蒙版"，细致调整蒙版大小至合成边缘附近，为边缘留下较细的空间，并将蒙版模式修改为"相减"，效果如图 6-41 所示。

7）选择"电视机边缘"层的"蒙版 1"，按"Ctrl+D"组合键复制"蒙版 2"，调整"蒙版 2"大小并将其蒙版模式修改为"相加"，效果如图 6-42 所示。

图 6-41 "蒙版 1"相减效果

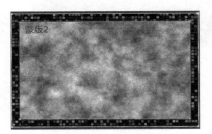

图 6-42 "蒙版 2"相加效果

8）选择"蒙版 2"，按"Ctrl+D"组合键复制"蒙版 3"，调整"蒙版 3"大小使其稍稍小于"蒙版 2"并将其蒙版模式修改为"相减"，效果如图 6-43 所示。左上角局部如图 6-44 所示。

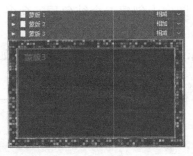

图 6-43 "蒙版 3"相减效果

图 6-44 左上角局部设置

6.3.5 文字

1）执行菜单栏中的"合成"→"新建合成"命令，新建一个合成。设置"合成名称"为"文字"，尺寸为 800×150 像素，长宽比为"方形像素"，帧速率 25 帧/秒，持续时间为 10 秒。

2）选择工具栏中的文字工具▉，在项目窗口中输入文字"AE 家庭影院"，"字符"面

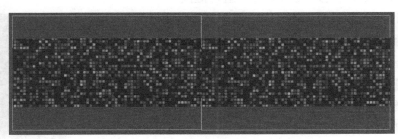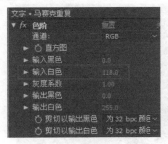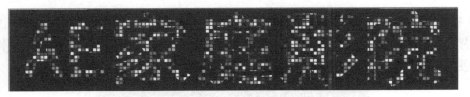

板设置如图 6-45 所示。

3）在项目面板中选择"跳动的马赛克"合成，将其作为一个图层拖入"文字"合成中，并将其放置于"AE 家庭影院"图层下，按"S"键打开图层的"缩放"属性，调整缩放值为 50。按"Ctrl+D"组合键复制该图层，并对两个"跳动的马赛克"层的位置进行调整，使其铺满整个合成窗口，如图 6-46 所示。

图 6-45 "字符"面板设置　　　　图 6-46 "跳动的马赛克"层平铺效果

4）选择两个"跳动的马赛克"层，按"Ctrl+Shift+C"组合键，制作这两个图层的"预合成"，并将其命名为"马赛克重复"，参数保持默认。

5）选择"马赛克重复"层，执行菜单栏中的"效果"→"颜色校正"→"色阶"选项，设置参数如图 6-47 所示。将其"TrkMat"模式修改为"Alpha 遮罩"，如图 6-48 所示。

图 6-47 "色阶"设置　　　　图 6-48 "马赛克重复"层"TrkMat"设置

6）最终"文字"合成完成的效果如图 6-49 所示。

图 6-49 "文字"完成的效果

6.3.6　场景 1

1）执行菜单栏中的"合成"→"新建合成"命令，新建一个合成。设置"合成名称"

为"场景 1",尺寸为 800×500 像素,长宽比为"方形像素",帧速率 25 帧/秒,持续时间为 10 秒。

2)在项目面板中选择"背景"合成,将其作为一个图层拖入"场景 1"合成中,打开"背景"层的3D 属性,然后按"A"键打开图层的"锚点"属性,调整锚点 Y 轴值为 500,按"Shift+S"组合键同时打开图层的"缩放"属性,调整缩放值为 150,位置保持默认,如图 6-50 所示。

图 6-50 "背景"层参数设置

3)在合成窗口下面将视图模式切换为 自定义视图 1,并利用摄像机工具对场景视角进行调整。选择"背景"层,单击工具栏上的 图标,为其添加一个"蒙版",如图 6-51 所示。蒙版模式保持默认的"相加",将"蒙版羽化"修改为 150,完成效果如图 6-52 所示。

图 6-51 矩形蒙版

4)选择"背景"层,按"Ctrl+D"组合键复制为"背景 1"层,选择"背景 1"层按"R"键打开图层的旋转属性,将 X 轴旋转调整为 90°,利用摄像机工具调整视图,效果如图 6-53 所示。

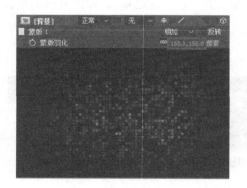

图 6-52 蒙版羽化效果

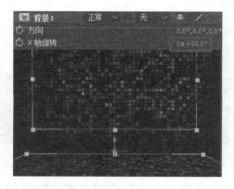

图 6-53 "背景"与"背景 1"视图效果

5)在项目面板中选择"音箱"合成,将其作为一个图层拖入"场景 1"合成中,并将其置于"背景 1"层之上,打开"音箱"层的 3D 属性,并开启该图层的"栅格化"属性(该属性可使图层读取原始的三维信息),如图 6-54 所示。

图 6-54 "栅格化"设置

6)选择"音箱"层,按"Ctrl+D"组合键复制两个"音箱"层,调整三个"音箱"图层的位置(可以根据个人的审美放置)如图 6-55 所示。此时的时间线面板如图 6-56

所示。

7）在项目面板中选择"电视机"合成，将其作为一个图层拖入"场景 1"合成中，将其放置于 3 个"音箱"层之上，打开"电视机"层的 3D 属性 ⬛，执行菜单栏中的"效果"→"风格化"→"发光"命令，设置参数如图 6-57 所示。按"S"键调整"电视机"层的缩放值为 50，并利用"矩形工具" ⬜ 为其添加蒙版，如图 6-58 所示，调整蒙版"羽化值"为 123。调整图层位置如图 6-59 所示。

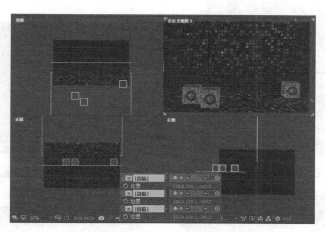

图 6-55 "音箱"位置设置

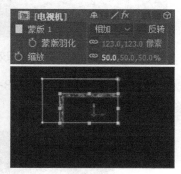

图 6-56 时间线面板　　　　图 6-57 发光设置　　　　图 6-58 蒙版设置

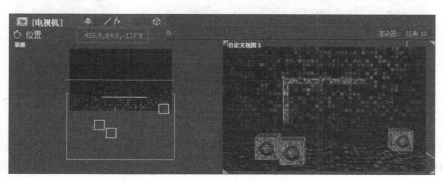

图 6-59 电视机层位置设置

8）选择"电视机"层，按"Ctrl+D"组合键复制该图层，修改新复制层的"发光"效果如图 6-60 所示，修改蒙版位置如图 6-61 所示。此时效果如图 6-62 所示。时间线面板如图 6-63 所示。

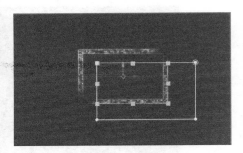

图 6-60　修改发光设置　　　　　　图 6-61　修改蒙版位置

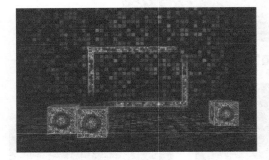

图 6-62　合成窗口效果　　　　　　图 6-63　时间线面板

9）导入素材→6 章→6.3→电影海报 1.jpg 文件，并将其放置到"电视机"上层，调整其位置如图 6-64 所示。

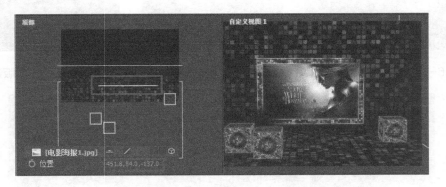

图 6-64　"电影海报 1"位置设置

10）在项目面板中选择"文字"合成，将其作为一个图层拖入"场景 1"合成中，将其放置于"电影海报 1"层之上，打开"文字"层的 3D 属性，执行菜单栏中的"效果"→"风格化"→"发光"命令，设置参数如图 6-65 所示。调整位置与缩放参数如图 6-66 所示。

图 6-65　发光设置

图 6-66　"文字"层设置

11）导入素材→6 章→6.3→蓝光.jpg 文件，并将其放置到"文字"层之上，将图层模式修改为"相加"，在 0 秒设置位置动画如图 6-67 所示；在 10 秒设置位置动画如图 6-68 所示。

图 6-67　"蓝光"0 秒位置

图 6-68　"蓝光"10 秒位置

12）选择"蓝光"层，按"Ctrl+D"组合键复制"蓝光 1"层。将"蓝光 1"层模式修改为"相加"，在 0 秒设置位置动画如图 6-69 所示；在 10 秒设置位置动画如图 6-70 所示。

图 6-69　"蓝光 1"0 秒位置

图 6-70　"蓝光 1"10 秒位置

13）导入素材→6 章→6.3→紫光.jpg 文件，并将其放置到"蓝光"层之上，将图层模式修改为"相加"，在 0 秒设置位置动画如图 6-71 所示；在 10 秒设置位置动画如图 6-72 所示。

图 6-71　"紫光"0 秒位置

图 6-72　"紫光"10 秒位置

14）选择"紫光"层，按"Ctrl+D"组合键复制"紫光 1"层，将"紫光 1"层模式修改为"相加"，在 0 秒设置位置动画如图 6-73 所示；在 10 秒设置位置动画如图 6-74 所示。

图 6-73　"紫光 1"0 秒位置

图 6-74　"紫光 1"10 秒位置

15）完成后时间线面板如图6-75所示，效果如图6-76所示。

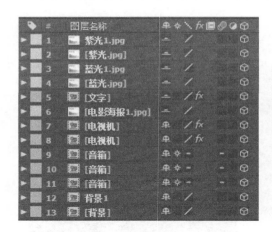

图6-75　时间线面板

图6-76　场景1

6.3.7　场景2、场景3

1）在项目面板中选择"场景1"合成，按"Ctrl+D"组合键两次，复制出 "场景2"和 "场景3"。

2）在项目面板中双击"场景2"，打开"场景2"合成，适当的修改单个元素的空间位置关系并更换电视机影像素材，"场景2"完成如图6-77所示。

3）同样的方法修改"场景3"，结果如图6-78所示。

图6-77　场景2

图6-78　场景3

6.3.8　总合成

1）执行菜单栏中的"合成"→"新建合成"命令，新建一个合成。设置"合成名称"为"家庭影院"，尺寸为800×500像素，长宽比为"方形像素"，帧速率为25帧/秒，持续时间为10秒。

2）在项目面板中选择 "场景1""场景2"和"场景3"合成，将它们作为图层拖入"家庭影院"合成中，打开这3个层的3D属性◙，并开启图层的"栅格化"属性▩，如图6-79所示。按"Ctrl+Alt+Shift+C"组合键创建一个摄像机，参数设置如图6-80所示。

图 6-79　时间线

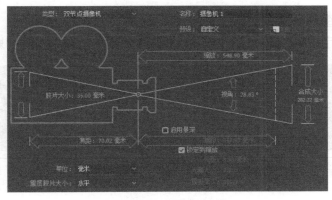

图 6-80　摄像机设置

3）设置图层"场景 1""场景 2"和"场景 3"的位置如图 6-81 所示。

图 6-81　场景 1、2、3 位置设置

4）设置图层"场景 2"和"场景 3"的 Y 轴旋转为 90°，如图 6-82 所示。

5）为实现场景的镜头动画效果，为摄像机制作动画，动画参数设置如图 6-83 所示。

图 6-82　场景 1、2、3 旋转设置

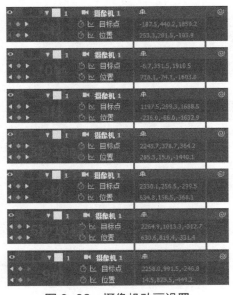

图 6-83　摄像机动画设置

6）这样就完成了"家庭影院"的动画制作。按"空格"键或小键盘上的"0"键预览动画，最后选择一种格式渲染输出。

课后作业与练习

1）复习三维图层各属性的使用方式。

2）分析"城市夜景"动画源文件，并利用提供的素材，练习制作"城市夜景"动画。

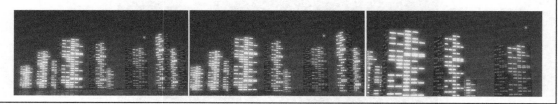

AE

第 7 章

流动光效

　　经常可以在影视作品中见到炫丽的流光效果，这些效果可以通过如 3ds Max、Maya、Lightwave 等三维动画软件来实现，也可以利用如 After Effects 等合成软件来实现，本章学习几种 After Effects 制作光效的方法。

教学目标与知识点

| 教学目标 | 1）具备 After Effects 光效的制作能力。
2）具备 After Effects 多种特效配合使用的能力。 |

| 知 识 点 | 1）After Effects 分形杂色效果的使用方法。
2）After Effects 极坐标、贝塞尔曲线变形、勾画效果的使用方法。
3）After Effects 表达式的使用方法。 |

【授课建议】

总学时：6 学时（270min）

教 学 内 容	教 学 手 段	建议时间安排/min
放射光线	效果演示与操作讲解 学生操作	45
扭曲光线		
画笔光线		90
波纹光线		
体积光效		130
课程总结 布置课后作业与练习	讲解	5

7.1 放射光线

本节设计一个"放射光线"实例，将应用以下几个特效：分形杂色、极坐标、三色调和发光，完成效果如图 7-1 所示。

图 7-1 "放射光线"实例完成效果

1）启动 After Effects，执行菜单栏中的"合成"→"新建合成"命令，新建一个合成。设置"合成名称"为"放射光线"，"预设"为"PAL D1/DV"，持续时间为 10 秒。

2）按"Ctrl+Y"组合键，创建纯色层"光线"，将尺寸设置为 1440×1152 像素，颜色保持默认。将纯色层设置为合成窗口的一倍，原因在于使用"极坐标"特效后，图层比例会缩小，所以为保证画面铺满屏幕，必须使用大尺寸的纯色层。

3）选择"光线"层，执行菜单栏中的"效果"→"杂色和颗粒"→"分形杂色"选项。"分形杂色"设置如图 7-2 所示，光线效果如图 7-3 所示。

图 7-2 "分形杂色"设置

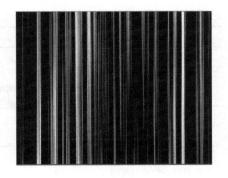

图 7-3 光线效果

4）为使光线产生流动的效果，设置"分形杂色"的"演化"属性动画。在 0 秒设置

"演化"值为 0，在 10 秒设置"演化"值为 4。

5）制作发射效果，为"光线"层添加"效果"→"扭曲"→"极坐标"，设置参数如图 7-4 所示，此时合成窗口的效果如图 7-5 所示。

图 7-4 "极坐标"设置　　　　　　　　　图 7-5 "极坐标"效果

6）制作彩色效果，为"光线"层添加"效果"→"颜色校正"→"三色调"，设置如图 7-6 所示，此时效果如图 7-7 所示。

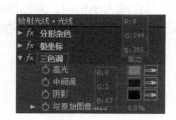

图 7-6 "三色调"设置　　　　　　　　　图 7-7 "三色调"效果

7）最后为"光线"层添加"效果"→"风格化"→"发光"，设置如图 7-8 所示，完成效果如图 7-9 所示。

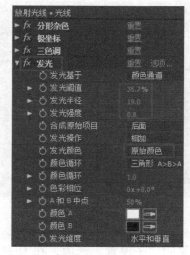

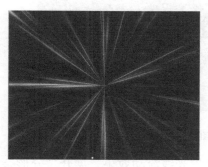

图 7-8 "发光"设置　　　　　　　　　图 7-9 完成效果

7.2 扭曲光线

本节设计一个"扭曲光线"实例，将应用以下几个特效：分形杂色、贝塞尔曲线变形、三色调和发光，完成效果如图 7-10 所示。

图 7-10 "扭曲光线"实例

1）启动 After Effects，执行菜单栏中的"合成"→"新建合成"命令，新建一个合成。设置"合成名称"为"扭曲光线"，"预设"为"PAL D1/DV"，持续时间为 10 秒。

2）按"Ctrl+Y"组合键，创建纯色层"光线 1"，尺寸与合成大小相同，颜色保持默认。

3）选择"光线 1"层，执行菜单栏中的"效果"→"杂色和颗粒"→"分形杂色"选项，设置参数如图 7-11 所示。效果如图 7-12 所示。

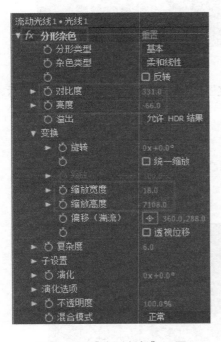

图 7-11 "分形杂色"设置

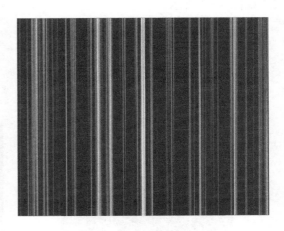

图 7-12 光线效果

4）设置光线流动效果，展开"分形杂色"效果的"子设置"选项，在 0 秒设置"子位移"值为（0.0，0.0），在 10 秒设置"子位移"值为（0.0，5784），如图 7-13 所示。

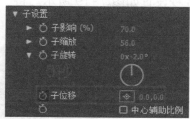 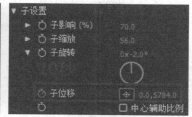

图 7-13 "子位移"动画设置

5）再次选择图层"光线 1"，执行菜单栏中的"效果"→"扭曲"→"贝塞尔曲线变形"选项，设置参数如图 7-14 所示，效果如图 7-15 所示。

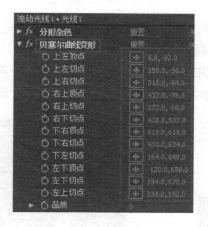 

图 7-14 "贝塞尔曲线变形"设置　　　　图 7-15 "贝塞尔曲线变形"效果

6）调整光线的颜色，选择"光线 1"层，执行菜单栏中的"效果"→"颜色校正"→"三色调"选项，设置参数如图 7-16 所示，再次为层添加"效果"→"风格化"→"发光"，设置参数如图 7-17 所示。

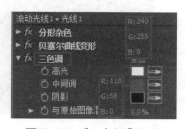 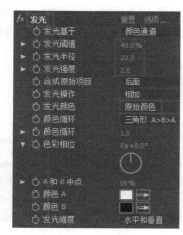

图 7-16 "三色调"设置　　　　图 7-17 "发光"设置

7）为表现光线的整体流动效果，为"光线 1"图层添加矩形蒙版，并设置"蒙版路径"动画，在 0 秒设置如图 7-18 所示，在 3 秒设置如图 7-19 所示。将"蒙版羽化"修改为 130。

图 7-18　0 秒蒙版

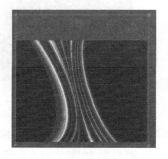

图 7-19　3 秒蒙版

8）选择"光线 1"层，按"Ctrl+D"组合键，复制图层为"光线 2"和"光线 3"。并将"光线 2"和"光线 3"的层模式修改为"相加"。

9）修改"光线 2"层的"贝塞尔曲线变形"和"三色调"参数如图 7-20 所示，修改"蒙版路径"动画的开始帧为 1 秒 12 帧，结束帧为 4 秒 12 帧，效果如图 7-21 所示。

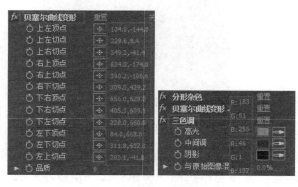

图 7-20　"光线 2"设置

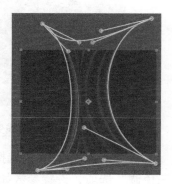

图 7-21　"光线 2"效果

10）修改"光线 3"层的"贝塞尔曲线变形"和"三色调"参数如图 7-22 所示，修改"蒙版路径"动画的开始帧为 3 秒，结束帧为 6 秒，效果如图 7-23 所示。

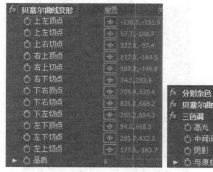

图 7-22　"光线 3"设置

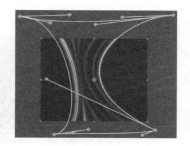

图 7-23　"光线 3"效果

11）创建摄像机，如图 7-24 所示。开启"光线 1、2、3"三个图层的三维属性，设置"摄像机"光线1、2、3"的"位置"参数如图 7-25 所示。完成后的效果如图 7-26 所示。

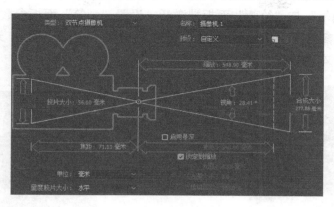

图 7-24　摄像机参数

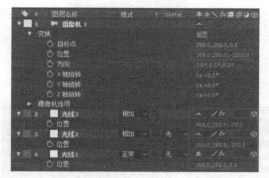

图 7-25　摄像机与"光线1、2、3"设置

图 7-26　完成效果

7.3　画笔光线

本节设计一个"画笔光线"实例,将应用以下几个特效:绘画、快速模糊、贝塞尔曲线变形和发光,完成效果如图 7-27 所示。

图 7-27　"画笔光线"实例

1)启动 After Effects,执行菜单栏中的"合成"→"新建合成"命令,新建一个合成。设置"合成名称"为"画布","预设"为"PAL D1/DV",持续时间为 10 秒。

2)按"Ctrl+Y"组合键,创建纯色层"笔触",将尺寸设置为 2000×300 像素,颜色为黑色。

3）双击图层"笔触"层，打开"笔触"层的素材窗口，单击工具栏上的"画笔工具" ，可以看到"画笔"与"绘画"面板被激活，设置"画笔"面板参数如图 7-28 所示，设置"绘画"面板参数如图 7-29 所示（此处的颜色读者可自行设置）。通过拖曳光标在素材窗口进行绘制，本例绘制完成的效果如图 7-30 所示。

图 7-28 "画笔"设置　　　　　　　　　图 7-29 "绘画"设置

图 7-30 绘制完成的效果

4）选择"笔触"层，执行菜单栏中的"效果"→"模糊和锐化"→"快速模糊"选项，设置参数如图 7-31 所示。切换回合成窗口，效果如图 7-32 所示。

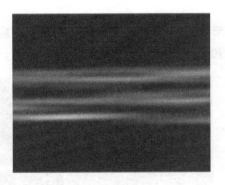

图 7-31 "快速模糊"设置　　　　　　　图 7-32 "快速模糊"效果

5）选择"笔触"层，按键盘上的快捷键"P"，打开层的位置属性，设置 0～10 秒的位置动画，如图 7-33 所示。

6）按"Ctrl+N"组合键，创建合成"画笔光线"，"预设"为"PAL D1/DV"，持续时间为 10 秒。

7）选择项目面板中的"画布"合成，将其作为一个图层拖曳到合成"画笔光线"中。并为其添加"效果"→"扭曲"→"贝塞尔曲线变形"，设置参数如图 7-34 所示，效果如图 7-35 所示。

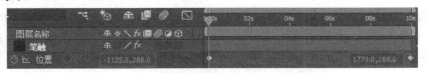

图 7-33 "笔触"层位置动画

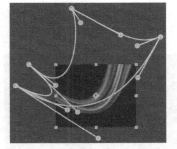

图 7-34 "贝塞尔曲线变形"设置　　图 7-35 "贝塞尔曲线变形"效果

8）最后为"画布"层添加"效果"→"风格化"→"发光"，设置参数如图 7-36 所示。完成效果如图 7-37 所示。

图 7-36 "发光"设置　　　　　图 7-37 "发光"效果

7.4 波纹光线

本节设计一个"波纹光线"实例，将应用以下几个特效：偏移、极坐标、残影和发光，完成效果如图 7-38 所示。

图 7-38 "波纹光线"实例完成效果

1）启动 After Effects，执行菜单栏中的"合成"→"新建合成"命令，新建一个合成。设置"合成名称"为"路径"，"预设"为"PAL D1/DV"，持续时间为 10 秒。

2）按"Ctrl+Y"组合键，创建纯色层"路径"，尺寸与合成大小相同，颜色为黑色。

3）选择工具栏上的"钢笔"工具，在"路径"层上绘制 4 个蒙版路径，如图 7-39 所示。

4）为"路径"层添加"效果"→"生成"→"勾画"，设置参数如图 7-40 所示。选择"勾画"效果，按"Ctrl+D"组合键，复制"勾画 2""勾画 3"和"勾画 4"，并修改复制效果的"蒙版/路径"与"颜色"属性，如图 7-41 所示。此时合成窗口如图 7-42 所示。

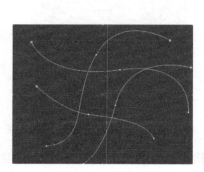

图 7-39　蒙版路径

图 7-40　"勾画"设置

图 7-41　"勾画 2、3、4"路径与颜色设置

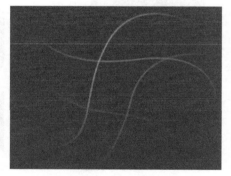

图 7-42　"勾画"效果

5）将时间线调整到 0 秒，选择"路径"图层，按"M"键打开图层的"蒙版路径"属性，并记录关键帧动画，如图 7-43 所示。

图 7-43　0 秒"蒙版路径"关键帧设置

6）将时间线调整到 10 秒，利用钢笔工具将"蒙版路径"的形状调整为如图 7-44 所

示的形状（此处读者可自行调整）。

7）选择"路径"层。按"R"键，打开图层的旋转属性，在 0 秒和 10 秒分别设置图层的旋转动画，如图 7-45 所示。

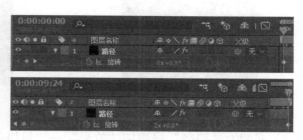

图 7-44　10 秒"蒙版路径"形状调整　　　　　图 7-45　"路径"层旋转动画设置

8）按"Ctrl+N"组合键，创建合成"波纹光线"，"预设"为"PAL D1/DV"，持续时间为 10 秒。

9）在项目面板中将"路径"合成拖曳至"波纹光线"合成中，将其作为图层使用。

10）选择"路径"层，执行菜单栏中的"效果"→"扭曲"→"偏移"选项，在 0 秒设置"偏移"属性动画如图 7-46 所示，在 10 秒设置"偏移"属性动画如图 7-47 所示。

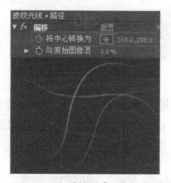

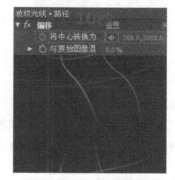

图 7-46　0 秒"偏移"动画设置　　　　　图 7-47　10 秒"偏移"动画设置

11）为使光线变为中心发射的效果，选择"路径"层，执行菜单栏中的"效果"→"扭曲"→"极坐标"选项，设置参数如图 7-48 所示。合成窗口的效果如图 7-49 所示。

图 7-48　"极坐标"设置　　　　　图 7-49　"极坐标"效果

12）重复光线发射效果，选择"路径"层，执行菜单栏中的"效果"→"时间"→"残影"选项，设置参数如图 7-50 所示。合成窗口的效果如图 7-51 所示。

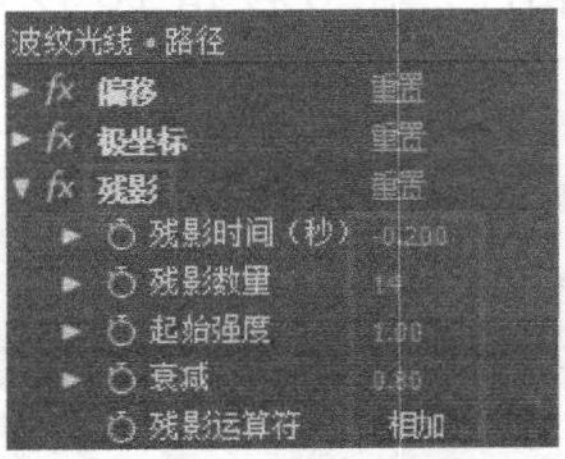

图 7-50　"残影"设置

图 7-51　"残影"效果

13）继续为"路径"层添加"效果"→"风格化"→"发光"，设置参数如图 7-52 所示。合成窗口的效果如图 7-53 所示。

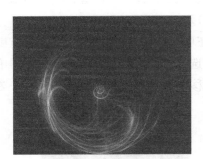

图 7-52　"发光"设置

图 7-53　"发光"效果

14）按"Ctrl+Y"组合键，创建一个与合成等大的白色纯色层，并在其上创建圆形蒙版，调整"蒙版羽化"值为 120，效果如图 7-54 所示。为使光线图层的边缘虚化，修改"路径"图层的"TrKMat"属性为"Alpha 遮罩"，完成效果如图 7-55 所示。

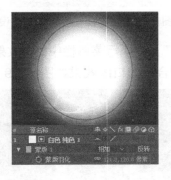

图 7-54　蒙版设置

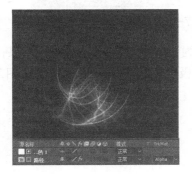

图 7-55　完成效果

7.5　体积光效

本节设计一个"体积光效"实例，将应用以下几个特效：分形杂色、CC Radial Fast Blur、斜面 Alpha 和曲线，完成效果如图 7-56 所示。

图 7-56 "体积光效"实例完成效果

1）启动 After Effects，执行菜单栏中的"合成"→"新建合成"命令，新建一个合成。设置"合成名称"为"体积光效"，"预设"为"PAL D1/DV"，持续时间为 5 秒。

2）选择 **T** 工具，在合成中输入"VOLUME LIGHT"，颜色为黑色，字体选择"BankGothic Md BT"，如图 7-57 所示（当文字为黑色时，可以开启合成窗口下方的 ▣，以透明方式显示背景）。

图 7-57 文字效果

3）创建摄像机，参数设置如图 7-58 所示。创建灯光，参数设置如图 7-59 所示。

4）打开"VOLUME LIGHT"层的 ▣ 属性，调整"文字""摄像机"和"灯光"的位置如图 7-60 所示。其他参数保持默认。

5）按"Ctrl+Y"组合键创建"发光层"，颜色设置为白色，单击 ◉ 图标为其添加蒙版，开启"发光层"的 ▣ 属性，调整位置参数，如图 7-61 所示。关闭层的"接受灯光"属性，如图 7-62 所示。

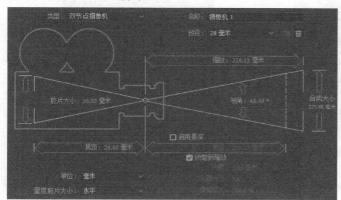

图 7-58 创建摄像机

图 7-59 创建灯光

图 7-60 调整文字、摄像机、灯光的位置

6）生成光束效果。在时间线上单击鼠标右键，新建"调节图层"，命名为"半径模糊调节"。选择该图层，执行菜单栏中的"效果"→"模糊和锐化"→"CC Radial Fast Blur"

选项，设置参数如图 7-63 所示。

图 7-61　发光层

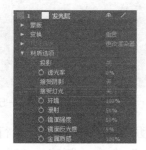

图 7-62　关闭"接受灯光"

图 7-63　CC Radial Fast Blur 设置

7）设置光束的亮度。选择"半径模糊调节"层，执行菜单栏中的"效果"→"颜色校正"→"曲线"选项，设置如图 7-64 所示。

8）设置光束的颜色。按"Ctrl+D"组合键，复制上一步的"曲线"效果，修改"曲线 2"的参数如图 7-65 所示。将图层模式修改为"屏幕"。

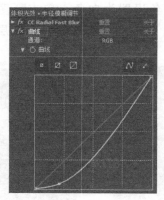

图 7-64　"曲线"设置

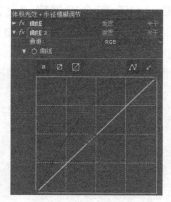

图 7-65　"曲线 2"设置

9）调节光束方向。在时间线上单击鼠标右键，新建"空对象"，命名为"光束方向"，开启图层的属性。

10）选择"半径模糊调节"层，在效果面板中展开"CC Radial Fast Blur"效果，按"Alt"键的同时单击"Center"前面的图标，此时时间线面板的"Center"属性将自动展开。用鼠标左键按住图标并将其拖曳到"光束方向"层之上，如图 7-66 所示。（目的是利用"光束方向"层的位置来决定体积光的方向）。

图 7-66　"半径模糊调节"层设置

11）在时间线面板中输入：thisComp.layer（"光束方向"）.toComp（[0,0,0]）；如

图 7-67 所示。

图 7-67　表达式

12）设置"光束方向"层的位置如图 7-68 所示，此时合成窗口效果如图 7-69 所示。

图 7-68　"光束方向"的位置

图 7-69　光束效果

13）按"Ctrl+Y"组合键新建纯色层，命名为"背景色"，颜色保持默认。选择该层，执行菜单栏中的"效果"→"颜色和颗粒"→"分形杂色"选项，设置参数如图 7-70 所示。开启图层的 ▣ 属性，单击 ◉ 图标绘制蒙版，设置"蒙版羽化"为 140，效果如图 7-71 所示。将图层模式修改为"屏幕"。

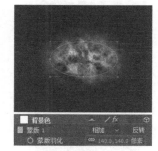

图 7-70　"分形杂色"设置

图 7-71　蒙版羽化

14）设置"分形杂色"效果的"演化"动画，0 秒为 0x+0.0°，5 秒为 3x+0.0°。

15）调整背景颜色。选择"背景色"层，执行菜单栏中的"效果"→"通道"→"固态层合成"选项，设置参数如图 7-72 所示。再次选择菜单栏中的"效果"→"色彩校正"→"曲线"选项，设置如图 7-73 所示。

图 7-72　"固态层合成"设置

图 7-73　再次进行"曲线"设置

16）调整"背景色"层的位置属性，如图 7-74 所示。将"背景色"层放置到发光层的下方，此时时间线面板如图 7-75 所示。

图 7-74 "背景色"位置   图 7-75 时间线面板

17）选择"背景色"层，按"Ctrl+D"组合键在其上复制"背景色 1"，调整"背景色 1"层的"分形杂色"效果，如图 7-76 所示。选择"背景色 1"层，按"Ctrl+D"组合键复制"背景色 2"，调整"背景色 2"的"分形杂色"效果，如图 7-77 所示。此时合成窗口效果，如图 7-78 所示。

18）选择文字层"VOLUME LIGHT"，按"Ctrl+D"组合键在其上复制"VOLUME LIGHT 2"层，将新复制的层置于时间线顶部，并为其添加"效果"→"透视"→"斜面 Alpha"，设置参数如图 7-79 所示。将图层模式修改为"屏幕"。

19）此时，时间线面板如图 7-80 所示。效果如图 7-81 所示。

图 7-76 "背景色 1"分形杂色

图 7-77 "背景色 2"分形杂色

图 7-78 合成窗口效果

图 7-79 "斜面 Alpha"设置

图 7-80 时间线面板

图 7-81 "VOLUME LIGHT 2"层效果

20）制作"体积光"逐渐产生的动画。同时选择"发光层""背景色""背景色1"和"背景色2"，按快捷键"T"打开这4个图层的"不透明度"属性，在0秒的位置设置"不透明度"为0；在1秒的位置设置"不透明度"为100。选择"半径模糊调节"层，在1秒的位置设置"CC Radial Fast Blur"效果的"Amount"值为0；在2秒的位置设置"Amount"值为94，如图7-82所示。

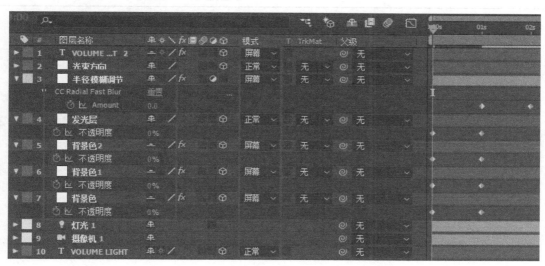

图 7-82 "体积光"逐渐产生的动画设置

21）自此"体积光效"动画全部完成，完成效果如图7-83所示。

图 7-83 完成效果

课后作业与练习

1）复习分形杂色效果制作光线的方法。

2）分析"爆炸"动画源文件，并练习制作"爆炸"动画。

AE

08
Chapter

第 8 章

文字特效

　　文字特效是一段动画的重要组成部分,其目的在于使动画主题更加突出。所以对文字动画进行编辑,为文字制作特效能够对动画效果的提升起到画龙点睛的作用。本章主要讲解文字动画的基本属性以及文字动画的应用。

教学目标与知识点

教学目标
1) 具备 After Effects 文字动画的使用能力。
2) 具备 After Effects 动画预设的使用能力。
3) 具备 After Effects 动画速率的调节能力。

知识点
1) After Effects 文字动画预设的使用方法。
2) After Effects 文字路径动画的制作方法。
3) After Effects 3D 文字的制作方法。

【授课建议】

总学时:7 学时(315min)

教 学 内 容	教 学 手 段	建议时间安排/min
文本动画预设	效果演示与操作讲解 学生操作	45
逐字 3D 化		
模糊文字		45
打字机文字		
路径文字		
摆动文字		135
3D 文字		85
课程总结 布置课后作业与练习	讲解	5

8.1 文本动画预设

  After Effects 中提供了大量的"动画预设",它可以帮助读者快速地实现精彩的动画效果,并且可以根据个人的需要来对动画关键帧进行修改。要修改动画关键帧只需选择动画层,按快捷键"U"来显示动画关键帧并修改即可。

  本节设计一个"文字动画预设"实例,只需应用"动画预设"面板即可实现,完成效果如图 8-1 所示。

图 8-1 "文字动画预设"实例完成效果

  1)启动 After Effects,执行菜单栏中的"合成"→"新建合成"命令,新建一个合成。设置"合成名称"为"文字动画预设","预设"为"PAL D1/DV",持续时间为 5 秒。

  2)选择工具栏上的"文字工具",在合成中输入"After Effects 动画预设","字符"面板设置如图 8-2 所示。完成效果如图 8-3 所示。

图 8-2 "字符"面板设置   图 8-3 完成效果 1

  3)选择文字层,切换到"效果和预设"面板,展开"动画预设"→"Text"→"Animate In",双击"中央螺旋"预设,如图 8-4 所示。完成效果如图 8-5 所示。

图 8-4 "中央螺旋"预设   图 8-5 完成效果 2

8.2　逐字 3D 化

逐字 3D 化，可以使文字动画属性以三维形式移动、缩放和旋转单个字符。在为图层启用逐字符 3D 化属性时，这些属性将变得可用。位置、锚点、缩放和旋转将获得第三个维度。

本节设计一个"逐字 3D 旋转"实例，将应用文字的逐字 3D 化属性和梯度渐变特效，完成效果如图 8-6 所示。

图 8-6　"逐字 3D 旋转"实例完成效果

1）启动 After Effects，执行菜单栏中的"合成"→"新建合成"命令，新建一个合成。设置"合成名称"为"逐字 3D 旋转"，"预设"为"PAL D1/DV"，持续时间为 5 秒。

2）按"Ctrl+Y"组合键，创建纯色层"背景"，尺寸与合成大小相同，颜色保持默认。

3）选择"背景"层，执行菜单栏中的"效果"→"生成"→"梯度渐变"选项，设置参数如图 8-7 所示，颜色保持默认即可。效果如图 8-8 所示。

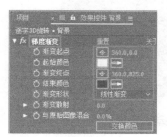

图 8-7　"梯度渐变"设置

图 8-8　"梯度渐变"效果

4）按"Ctrl+Y"组合键，创建纯色层"地面"，尺寸与合成大小相同，颜色为白色。选择"地面"层，打开层的三维属性，双击工具栏上的"椭圆工具"为层创建"蒙版"，设置"蒙版羽化"为 92，"变换"属性设置如图 8-9 所示。完成效果如图 8-10 所示。

图 8-9　"变换"属性设置

图 8-10　完成效果 3

5）选择工具栏上的"文字工具"，在合成中输入"AFTER EFFECTS"，"字符"面板设置如图 8-11 所示。展开"文字"层，单击"文本"右侧的 ▶ 按钮，从菜单中选择"启用逐字 3D 化"，如图 8-12 所示。再次单击"文本"右侧的 ▶ 按钮，从菜单中选择"旋转"。

图 8-11 "字符"面板设置

图 8-12 选择"启用逐字 3D 化"

6）继续上面的操作，设置"范围选择器 1"下的"Y 轴旋转"为"1x+0.0°"。展开"范围选择器 1"，在 1 秒处设置"起始"为 0%，在 4 秒处为 100%，如图 8-13 所示。调整文字的变换属性如图 8-14 所示。此时合成窗口效果如图 8-15 所示。

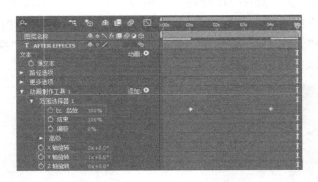

图 8-13 "起始"属性动画设置

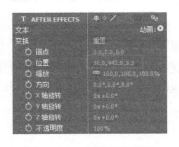

图 8-14 变换属性设置

图 8-15 合成窗口效果

7）在时间线上单击鼠标右键，选择"新建"→"灯光"选项，设置灯光层的参数如图 8-16 所示。选择"灯光"层按"Ctrl+D"组合键复制"灯光 2"，修改"灯光 2"参数如图 8-17 所示。

图 8-16 "灯光 1"设置 　　　　图 8-17 "灯光 2"设置

8）制作投影。在文字层的"材质选项"中，开启"投影"，效果如图 8-18 所示。

9）为文字添加立体效果。选择文字层"AFTER EFFECTS"按"Ctrl+D"组合键复制出"AFTER EFFECTS 2"层，如图 8-19 所示。选择新复制的文字层，执行菜单栏中的"效果"→"透视"→"斜面 Alpha"选项，设置参数如图 8-20 所示。效果如图 8-21 所示。

图 8-18 投影效果 　　　　图 8-19 "AFTER EFFECTS 2"层

图 8-20 "斜面 Alpha"设置 　　　　图 8-21 "斜面 Alpha"效果

10）在时间线上单击鼠标右键，选择"新建"→"摄像机"选项，设置参数如图 8-22 所示。

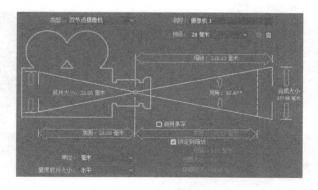

图 8-22 摄像机设置

11）为摄像机的"位置"属性在 0 秒、1 秒和 4 秒设置动画，如图 8-23 所示。这样就完成了"逐字 3D 旋转"的制作，完成效果如图 8-24 所示。

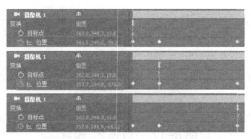

图 8-23 摄像机"位置"动画　　　　　图 8-24 完成效果 4

8.3 模糊文字

本节设计一个"模糊文字"实例，将应用文字的位移、模糊、缩放和填充颜色属性与投影特效，完成效果如图 8-25 所示。

图 8-25 "模糊文字"实例完成效果

1）启动 After Effects，执行菜单栏中的"合成"→"新建合成"命令，新建一个合成。设置"合成名称"为"模糊文字"，设置宽高为 720×400 像素，帧速率为 25 帧/秒，持续时间为 5 秒。

2）在项目窗口中双击鼠标左键，导入素材→8 章→8.3→背景，并将其置入合成中。

3）选择工具栏上的"文字工具"，在合成中输入"Beautiful scenery"，"字符"面板设置如图 8-26 所示。选择文字层，执行菜单栏中的"效果"→"透视"→"投影"选项，设置参数如图 8-27 所示，调整文字的位置如图 8-28 所示。

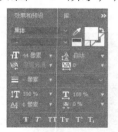

图 8-26 "字符"面板设置　　　　　图 8-27 "投影"设置

图 8-28 文字位置设置

4）展开"文字"层，单击"文本"右侧的 ▶ 按钮，从菜单中选择"位置"选项，设置"位置"参数为（0.0，405）。然后单击"动画制作工具 1"右侧的添加：▶ 按钮，选择"属性"→"模糊"选项，设置"模糊"参数为（120，120）。展开"范围选择器 1"，在 0 秒处设置"起始"为 0％，在 2 秒处为 100％，如图 8-29 所示。

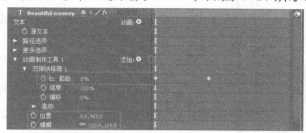

图 8-29 "起始"属性动画设置

5）再次单击"文本"右侧的 ▶ 按钮，从菜单中选择"缩放"选项，并设置参数为（180，180％），此时将生成一个"动画制作工具 2"属性。单击"动画制作工具 2"右侧的添加：▶ 按钮，选择"属性"→"填充颜色"→"RGB"选项，设置颜色值为（R：255，G：189，B：80）。展开"动画制作工具 2"下的"范围选择器 1"，设置"结束"为 20％。为"偏移"设置动画，在 2 秒处"偏移"值设置为-20％，在 4 秒处为 100％，如图 8-30 所示。这样就完成了"模糊文字"的制作。

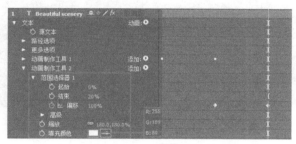

图 8-30 "偏移"属性动画设置

8.4 打字机文字

本节设计一个"打字机文字"实例，将应用文字的"字符位移"和"不透明度"属性，完成效果如图 8-31 所示。

图 8-31 "打字机文字"实例完成效果

1）启动 After Effects，执行菜单栏中的"合成"→"新建合成"命令，新建一个合

成。设置"合成名称"为"打字机文字","预设"为"PAL D1/DV",持续时间为5秒。

2）在项目窗口中双击鼠标左键,导入素材→8章→8.4→水墨背景,并将其置入合成中。

3）选择工具栏上的"文字工具",在合成中输入"春花秋月何时了,往事知多少。小楼昨夜又东风,故国不堪回首月明中。雕栏玉砌应犹在,只是朱颜改。问君能有几多愁,恰是一江春水向东流。","字符"面板设置如图8-32所示,字体颜色为黑色。合成窗口效果如图8-33所示。

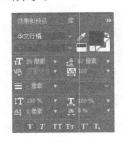

图 8-32　"字符"面板设置　　　　　图 8-33　合成窗口效果

4）展开"文字"层,单击"文本"右侧的 ▶ 按钮,从菜单中选择"不透明度"选项,设置参数为0%。展开"范围选择器1",设置"起始"动画,在0秒处设置"起始"为0%,在4秒处为100%,如图8-34所示。

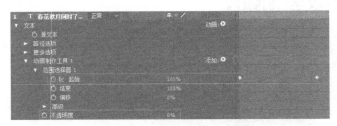

图 8-34　"起始"属性动画设置

5）单击"动画制作工具1"右侧的 ▶ 按钮,选择"属性"→"字符位移"选项,设置"字符位移"参数为5。这样就完成了"打字机文字"的制作。

8.5　路径文字

本节设计一个"路径文字"实例,将应用文字的"路径"属性,"梯度渐变"和"色光"特效,完成效果如图8-35所示。

图 8-35　"路径文字"实例完成效果

1）启动 After Effects，执行菜单栏中的"合成"→"新建合成"命令，新建一个合成。设置"合成名称"为"路径文字"，"预设"为"PAL D1/DV"，持续时间为 5 秒。

2）选择工具栏上的"文字工具"，在合成中输入"AFTER EFFECTS PATH TEXT"，"字符"面板设置如图 8-36 所示，文字颜色保持默认。

3）选择"文字"层，在工具栏上选择钢笔工具 ，绘制如图 8-37 所示的路径。

4）展开"文字"层的"文本"→"路径选项"，在"路径"选项右侧选择"蒙版 1"。并且设置"首字边距"动画，在 0 秒设置为−1181，在 4 秒设置为 2381，如图 8-38 所示。

5）选择"文字"层，执行菜单栏中的"效果"→"生成"→"梯度渐变"选项，设置参数如图 8-39 所示。继续为文字层添加"效果"→"颜色校正"→"色光"，设置参数如图 8-40 所示。这样就完成了"路径文字"的制作。

图 8-36　"字符"面板设置

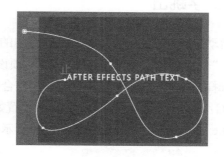

图 8-37　路径形状

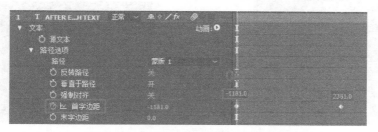

图 8-38　"首字边距"属性动画设置

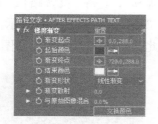

图 8-39　"梯度渐变"设置

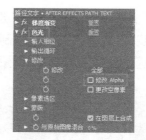

图 8-40　"色光"设置

8.6　摆动文字

本节设计一个"摆动文字"实例，将应用文字的"路径"与"摆动"属性，并应用"填充"特效，完成效果如图 8-41 所示。

图 8-41 "摆动文字"实例完成效果

8.6.1 文字跳出

1）启动 After Effects，执行菜单栏中的"合成"→"新建合成"命令，新建一个合成。设置"合成名称"为"文字跳出"，"预设"为"PAL D1/DV"，持续时间为 2 秒。

2）选择工具栏上的"文字工具"，在合成中输入"Street Dance"，颜色为深蓝色（R：2，G：0，B：66），"字符"面板设置如图 8-42 所示。 利用工具栏上的钢笔工具 在"Street Dance"层上绘制如图 8-43 所示的蒙版。

图 8-42 "字符"面板设置

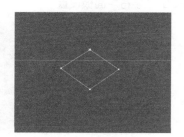

图 8-43 蒙版形状

3）展开"文字"层，在"路径"选项右侧选择"蒙版 1"，将"反转路径"设置为"开"，"垂直于路径"设置为"关"，"强制对齐"设置为"开"，如图 8-44 所示。利用工具栏上的锚点工具 将层的锚点移动到蒙版路径中间，此时合成窗口的效果如图 8-45 所示。

图 8-44 路径选项设置

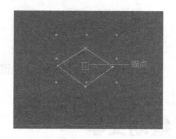

图 8-45 锚点设置

4）选择文字层，按"Ctrl+D"组合键复制两个新的文字层，并将文字修改为"HopDance"

与"HipHop",开启 3 个文字层的三维属性,并修改"缩放"与"不透明度"如图 8-46 所示(可通过键盘上的方向键来微调文字层的位置),此时合成窗口的效果如图 8-47 所示。

图 8-46 透明度设置

图 8-47 透明度效果

5)同时选择 3 个文字层,按"P"键开启层的位置属性,设置 3 个文字层 Z 轴的位置动画。在 0 秒位置设置如图 8-48 所示,在 2 秒位置设置如图 8-49 所示。

图 8-48 0 秒位置设置

图 8-49 2 秒位置设置

6)选择"HipHop"层的两个"位置"关键帧,执行菜单栏中的"窗口"→"摇摆器"命令,设置参数如图 8-50 所示,并单击"应用"按钮。同样为另外两个文字层执行同样的操作,这样就完成了"文字跳出"合成的制作,效果如图 8-51 所示。

图 8-50 "摇摆器"设置

图 8-51 "文字跳出"完成效果

8.6.2 街舞

1)执行菜单栏中的"合成"→"新建合成"命令,新建一个合成。设置"合成名称"

为"街舞","预设"为"PAL D1/DV",持续时间为 6 秒。

2）按"Ctrl+Y"组合键新建纯色层，命名为"背景"，尺寸与合成大小相同，颜色设置为蓝色（R：51，G：64，B：145）。

3）在项目窗口中双击鼠标，导入素材→8 章→8.6→舞者序列素材，并将其置入合成中。设置位置为（360，288）。为图层添加"效果"→"生成"→"填充"，参数保持默认即可。由于序列的时间长度不够，将"持续时间"设置为 6 秒，模式修改为"屏幕"，如图 8-52 所示。（可单击时间线左下角的 图标展开与折叠持续时间的显示）。

图 8-52 "持续时间"设置

4）选择"舞者"层，执行菜单栏中的"图层"→"预合成"命令，参数设置如图 8-53 所示。在 0 秒与 6 秒处设置"舞者重组"层的"位置"动画，参数均为（360，288）。选择"舞者"层的两个"位置"关键帧，执行菜单栏中的"窗口"→"摇摆器"命令，设置参数如图 8-54 所示。

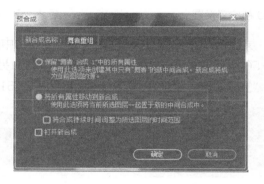

图 8-53 "预合成"设置

图 8-54 "摇摆器"设置

5）按"Ctrl+Y"组合键新建纯色层，命名为"白色光"，尺寸与合成大小相同，颜色为白色。选择"白色光"层，按"Ctrl+D"组合键复制 3 个新的图层，分别命名为"白色光 1""白色光 2"和"白色光 3"，通过位移与缩放调整这 4 个"白色光"层的状态，如图 8-55 所示。

6）在 0 秒与 6 秒处，分别为 4 个"白色光"层的"位置"属性记录关键帧，0 秒与

6 秒的关键帧参数均保持不变。

7）按"Shift"键选择"白色光"层的两个"位置"关键帧，执行菜单栏中的"窗口"→"摇摆器"命令，设置参数如图 8-56 所示。为另外 3 个"白色光"层皆执行同样的操作。

图 8-55 "白色光"层状态

图 8-56 "摇摆器"设置

8）选择"白色光""白色光 1""白色光 2"和"白色光 3"层，执行菜单栏中的"图层"→"预合成"命令，参数保持默认即可。

9）复制"舞者"层，将新复制的层"舞者 1"放置于"白色光"层之上，将"舞者 1"层设置为"白色光"层的"Alpha 遮罩"，如图 8-57 所示。

10）复制"白色光"层，将新复制的层"白色光 1"放置于"舞者 1"层之上，并将其透明度设置为（30％）。这样就完成了"街舞"合成的制作，效果如图 8-58 所示。

图 8-57 "白色光"层"Trkmat"设置

图 8-58 "街舞"完成效果

8.6.3 定版文字

1）执行菜单栏中的"合成"→"新建合成"命令，新建一个合成。设置"合成名称"为"定版文字"，"预设"为"PAL D1/DV"，持续时间为 2 秒。

2）选择工具栏上的"文字工具"，在合成中输入"hip-hop hopdance street dancing"，颜色为深蓝色（R：2，G：0，B：66），"字符"面板设置如图 8-59 所示。并调整文字位置如图 8-60 所示（文字位置读者可自行设置）。

图 8-59 "字符"面板设置

图 8-60 文字位置

3）展开文字层，单击文本右侧的 ▶ 按钮，从菜单中选择"启用逐字 3D 化"选项，再次单击"文本"右侧的 ▶ 按钮，从菜单中选择"位置"选项，并在 0 秒与 2 秒为"位置"的 Z 轴设置动画，如图 8-61 所示。单击"动画制作工具 1"右侧的添加：▶ 按钮，选择"选择器"→"摆动"选项，展开"摆动选择器 1"设置"摇摆/秒"为 5，如图 8-62 所示。这样就完成了"定版文字"合成的制作，效果如图 8-63 所示。

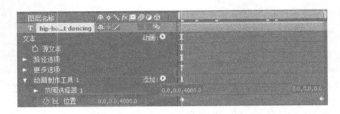

图 8-61 "位置"属性动画

图 8-62 "摆动选择器 1"设置

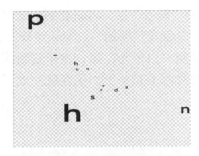

图 8-63 "定版文字"完成效果

8.6.4 总合成

1）执行菜单栏中的"合成"→"新建合成"命令，新建一个合成。设置"合成名称"为"总合成"，"预设"为"PAL D1/DV"，持续时间为 6 秒。

2）将前面制作的"街舞""定版文字"和"文字跳出"合成置入"总合成"中，作为图层使用。

3）按"Ctrl+D"组合键复制"文字跳出"层，将新层名称修改为"文字跳入"。

4）选择"文字跳入"层，执行菜单栏中的"图层"→"时间"→"时间反向图层"选项，将时间反转。并调整 4 个层的位置关系，使它们首尾相接如图 8-64 所示。

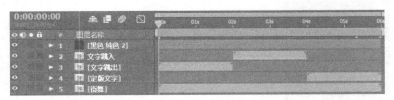

图 8-64 图层关系

5）按"Ctrl+Y"组合键新建纯色层，命名为"宽屏"，尺寸与合成大小相同，颜色为黑色。并为其添加"矩形蒙版"如图 8-65 所示,将蒙版反转,完成效果如图 8-66 所示。

图 8-65　蒙版设置

图 8-66　蒙版完成效果

8.7　3D 文字

本节设计一个"3D 文字"实例,将应用文字的"路径"与"摆动"属性,并应用"填充"特效,完成效果如图 8-67 所示。

图 8-67　"3D 文字"实例完成效果

1)启动 After Effects,执行菜单栏中的"合成"→"新建合成"命令,新建一个合成。设置"合成名称"为"3D 文字","预设"为"PAL D1/DV",持续时间为 5 秒。

2)选择工具栏上的"文字工具",在合成中输入"After Effects CC 2017",颜色为黄色(R:255,G:162,B:0),"字符"面板设置如图 8-68 所示,开启层的三维属性⬚。调整文字层至画面中央如图 8-69 所示。

图 8-68　"字符"面板设置

图 8-69　合成窗口效果

135

3）鼠标单击合成窗口右上方的 ▊经典 3D▊ 图标切换渲染器类型，在弹出的"合成设置"面板中，将渲染器类型切换为"光线追踪 3D"如图 8-70 所示。

4）展开文字层，设置"几何选项"与"材质选项"如图 8-71 所示。此时文字已经有了一些三维效果，如图 8-72 所示。

图 8-70 "光线追踪 3D"设置　图 8-71 文字属性设置　　　图 8-72 文字基础三维效果

5）执行菜单栏中的"图层"→"新建"→"灯光"命令，新建"灯光 1"。参数设置如图 8-73 所示，合成窗口效果如图 8-74 所示。

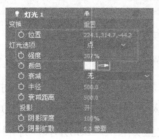

图 8-73 "灯光 1"设置　　　　　图 8-74 "灯光 1"效果

6）再次执行上一步的操作，创建一个"灯光 2"。参数设置如图 8-75 所示，合成窗口效果如图 8-76 所示。

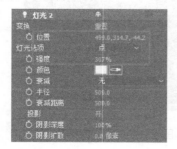

图 8-75 "灯光 2"设置　　　　　图 8-76 "灯光 2"效果

7）同上创建"灯光 3"。参数设置如图 8-77 所示，合成窗口效果如图 8-78 所示。

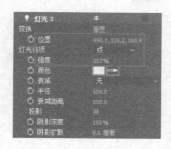

图 8-77 "灯光 3"设置

图 8-78 "灯光 3"效果

8）为加强环境光效果，导入素材→8 章→8.6→环境贴图，并将其放置到"文字"层的上一层，选择"环境贴图"层，执行菜单栏中的"图层"→"环境图层"选项。设置参数如图 8-79 所示。

9）模糊环境光。再次选择"环境贴图"层，执行菜单栏中的"效果"→"过时"→"快速模糊"选项，设置参数如图 8-80 所示。合成窗口效果如图 8-81 所示。

图 8-79 "环境图层"设置

图 8-80 "快速模糊"设置

图 8-81 合成效果

10）执行菜单栏中的"图层"→"新建"→"摄像机"命令，新建"摄像机 1"参数如图 8-82 所示。为摄像机的位置在 0 秒和 4 秒设置动画，设置参数如图 8-83 所示。

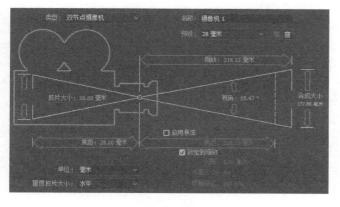

图 8-82 "摄像机 1"参数

图 8-83 摄像机 1 动画设置

11）为加强节奏的变化，鼠标单击时间线上方的"图表编辑器" ，将"速度图表"调节为如图 8-84 所示的形状。至此就完成了"3D 文字"动画的制作，完成效果如图 8-85 所示。

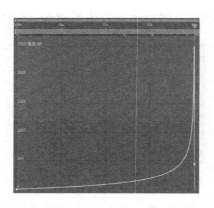

图 8-84 "图表编辑器"调节

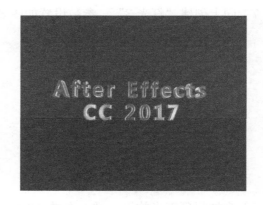

图 8-85 完成效果

 课后作业与练习

1）尝试不同种类的文字动画预设，并对文字动画进行修改。

2）分析"灵动文字"动画源文件，并练习制作"灵动文字"动画。

第 9 章

AE

常用模拟特效

模拟特效可以表现真实世界中的自然运动效果，如雨、雪、水波、沙尘等。After Effects 提供了非常优秀的模拟特效可以完成影视级的制作要求。

教学目标与知识点

教学目标
1）认知 After Effects 不同模拟特效的作用。
2）具备 After Effects 模拟特效的使用能力。
3）具备 After Effects 中图像黑白信息作用的理解能力。

知 识 点
1）波形环境和焦散特效的使用方法。
2）卡片动画特效的使用方法。
3）粒子运动场特效的使用方法。

【授课建议】

总学时：11 学时（495min）

教 学 内 容	教 学 手 段	建议时间安排/min
波形环境与焦散	效果演示与操作讲解 学生操作	90
卡片动画		45
粒子运动场		355
课程总结 布置课后作业与练习	讲解	5

9.1 波形环境与焦散

9.1.1 波形环境基本参数

波形环境效果通过创建灰度置换图，以便用于其他效果，如焦散或色光效果。此效果可根据液体的物理学模拟创建波形。波形从效果点发出，相互作用，并实际反映其环境。使用波形环境效果可创建徽标的俯视视图，同时波形会反映徽标和图层的边。其参数面板及默认效果如图9-1所示。

图9-1 "波形环境"面板及默认效果

1）视图：用于指定预览波形环境效果所用的方法。

2）线框控制：用于微调线框模型的外观。这些控件不会影响灰度输出。

3）高度映射控制：用于指定高度地图的特性。

4）模拟：用于指定水面和地面网格的分辨率等。

5）地面：用于指定地面图层的特性。

6）波形程序1、2：用于指定波形的类型和特性。

9.1.2 焦散基本参数

焦散效果可模拟焦散（水底部反射光），它是光通过水面折射而形成的。在与波形环境效果和无线电波效果结合使用时，可产生焦散效果，可创建真实的水面。其参数面板如图9-2所示。

图9-2 焦散面板

1）底部：指定水域底部的图层。除非"表面不透明度"是100%，否则此图层是效果扭曲的图像。

2）水：指定用作水面的图层。焦散效果使用此图层的明亮度作为用来生成3D水面的高度地图。

3）天空：指定水上方的图层，控制水面的反射效果。

4）灯光：控制水面的灯光效果。

5）材质：控制水面的材质属性。

9.1.3 "波形文字"实例

本节设计一个"波形文字"实例，将应用以下几个特效：波形环境、焦散、斜Alpha和发光，完成效果如图9-3所示。

1）启动After Effects，执行菜单栏中的"合成"→"新建合成"命令，新建一个合成。设置"合成名称"为"波形"，"预设"为"PAL D1/DV"，持续时间为5秒。

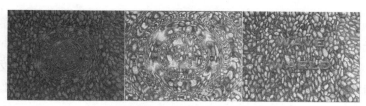

图9-3 "波形文字"实例完成效果

2）按"Ctrl+Y"组合键，创建纯色层"波形置换"，尺寸与合成大小相同，颜色保持默认。

3）选择图层"波形置换"，执行菜单栏中的"效果"→"模拟"→"波形环境"命令，设置"波形环境"参数，如图9-4所示。此时合成窗口的效果如图9-5所示。

4）按"Ctrl+N"组合键创建合成"文字置换"，"预设"为"PAL D1/DV"持续时间为5秒。

5）利用文字工具，在合成中输入"WAVE WARLD"，"字符"面板设置如图9-6所示。效果如图9-7所示。

6）选择"Wave warld"层，按"T"键，打开层的"不透明度"属性，并设置关键帧动画。在0秒设置"不透明度"为0%，在1秒为100%，如图9-8所示。

图9-4 "波形环境"设置

7）再次选择"Wave warld"层，按"Ctrl+Shift+C"组合键，以"将所有属性移动到新合成"方式重组（使文字周围区域扩大），将重组层命名为"文字"。

8）在项目面板中选择"波形"合成，将其拖曳到"文字置换"合成中，并关掉层前面的显示开关，如图9-9所示。

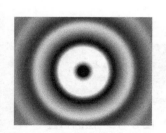

图9-5 "波形环境"效果

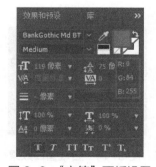

图9-6 "字符"面板设置

图9-7 文字效果

图9-8 "Wave warld"层"不透明度"属性动画

图9-9 "波形环境"层显示设置

9）选择"文字"层，执行菜单栏中的"效果"→"模拟"→"焦散"选项，设置参数，如图9-10所示。为"波形高度"设置动画，使文字由水波效果恢复平静。设置1秒时"波形高度"为0.5，4秒时为0，如图9-11所示。

10）继续为"文字"层添加"效果"→"风格化"→"发光"，设置参数如图 9-12 所示。为"发光强度"设置动画，使文字的发光效果由强变弱。设置 1 秒时"发光强度"为 3，4 秒时为 0.8，如图 9-13 所示。此时合成窗口的效果如图 9-14 所示。

11）按"Ctrl+N"组合键创建合成"水面"，"预设"为"PAL D1/DV"，持续时间为 5 秒。

12）按"Ctrl+Y"组合键新建一个纯色层"水"，尺寸与合成大小相同，颜色为黑色。

13）在项目面板双击鼠标左键，导入素材→9 章→9.1→水底鹅卵石.jpg 和天空.jpg。在项目面板中选择"波形"合成、水底鹅卵石.jpg 和天空.jpg，将其拖曳到"水面"合成中，并关掉这三个层的显示开关，此时层的布置如图 9-15 所示。

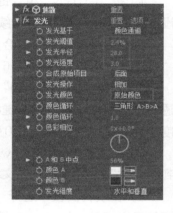

图 9-10　"焦散"设置　　图 9-11　"波形高度"属性动画设置　　图 9-12　"发光"设置

图 9-13　"发光强度"属性动画设置　图 9-14　合成窗口效果　　图 9-15　层的布置

14）选择"水"层，执行菜单栏中的"效果"→"模拟"→"焦散"选项，设置参数如图 9-16 所示。为"波形高度"设置动画，使文字由水波效果恢复平静。设置 1 秒时"波形高度"为 0.5，4 秒时为 0，如图 9-17 所示。此时合成窗口的效果如图 9-18 所示。

15）按"Ctrl+N"组合键创建合成"波形文字"，"预设"为"PAL D1/DV"，持续时间为 5 秒。

16）在项目面板中选择"文字置换"合成与"水面"合成，将它们拖曳到"波形文字"合成中。使"文字置换"层在上，"水面"层在下，并将"文字置换"的层模式修改为屏幕。

17）"水波文字"动画制作完毕，渲染输出影片观看效果，完成效果如图 9-19 所示。

图 9-16　"焦散"设置

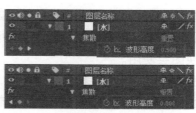

图 9-17　"波形高度"属性动画设置

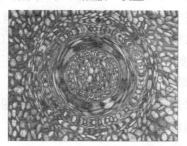

图 9-18　合成窗口效果

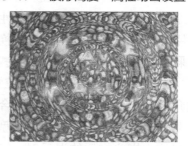

图 9-19　完成效果

9.2　卡片动画

9.2.1　卡片动画基本参数

卡片动画效果可创建卡片动画外观，具体方法是将图层分为许多卡片，然后使用第二个图层控制这些卡片的所有几何形状。例如，卡片动画效果可模拟挤压的固定点雕塑、形成波浪的人群或飘浮在池塘表面的字母。其参数面板及默认效果如图 9-20 所示。

1）行数和列数：指定行数和列数的相互关系。①"独立"可同时激活"行数"和"列数"滑块。②"列数受行数控制"只激活"行数"滑块，列数始终与行数相同。

2）行数：行的数量，最多 1000 行。

3）列数：列的数量，最多 1000 列。

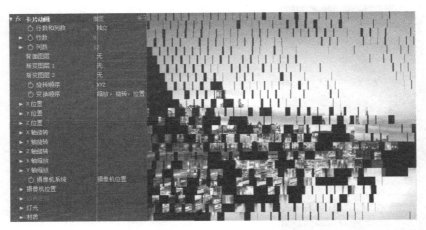

图 9-20 "卡片动画"面板效果

4）背面图层：在卡片背面分段显示的图层。

5）渐变图层 1、2：用于生成卡片动画效果的第一个控件图层。渐变图层可充当卡片动画的置换图层使用。

6）旋转顺序：在使用多个轴旋转时，卡片围绕多轴旋转的顺序。

7）变换顺序：执行变换（缩放、旋转和位置）的顺序。

8）"位置""旋转"和"缩放"："位置"（X，Y，Z）、"旋转"（X，Y，Z）和"缩放"（X，Y）用于指定要调整的变换属性。①源：指定用于控制变换的渐变图层通道。②加倍：应用到卡片的变换的数量。③偏移：变换开始时使用的基值。将其添加到变换值中（卡片的中心像素值乘"乘数"数量），可以从某些非 0 位置开始变换。

9）"摄像机系统"和"摄像机位置"：指定是使用效果的"摄像机位置"属性、效果的"边角定位"属性，还是默认的合成摄像机和光照位置来渲染卡片的 3D 图像。

10）灯光：指定使用的光照的类型、颜色、强度等。

11）材质：指定材质的漫反射、镜面反射、高光锐度。

9.2.2 卡片旋转

本节设计一个"卡片旋转"实例，将应用以下几个特效：卡片动画、旋转扭曲和发光，完成效果如图 9-21 所示。

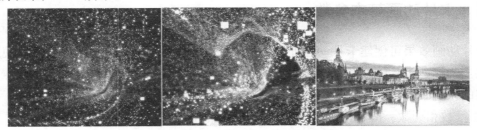

图 9-21 "卡片旋转"实例完成效果

1）启动 After Effects，执行菜单栏中的"合成"→"新建合成"命令，新建一个合成。设置"合成名称"为"背景旋转"，"预设"为"PAL D1/DV"，持续时间为 5 秒。

2）在项目面板中双击，导入素材→9 章→9.2→背景，将其加入到合成"背景旋转"中。

3）选择"背景"层，执行菜单栏中的"效果"→"扭曲"→"旋转扭曲"选项，设置效果的"旋转扭曲半径"为 36，并设置"角度"动画，0 秒时为 5x+0.0°，4 秒时为 0x+0.0°，如图 9-22 所示。0 秒效果如图 9-23 所示。

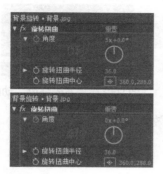

图 9-22 "旋转扭曲"动画设置　　　图 9-23 "旋转扭曲"0 秒效果

4）按"Ctrl+N"组合键，新建合成"卡片旋转"，"预设"为"PAL D1/DV"，持续时间为 5 秒。

5）首先将"背景"素材导入到"卡片旋转"合成中，然后将"背景旋转"合成作为一个图层置于"背景"层的下方，并关掉其显示。

6）选择"背景"层，执行菜单栏中的"效果"→"模拟"→"卡片动画"选项，设置"卡片动画"效果的"行数"为 500，"列数"为 500，"背景图层"设为"背景"，"渐变图层 1"设为"背景旋转"。将"X 位置""Y 位置"和"Z 位置"的"源"都设为"强度 1"，0 秒设置"X 位置""Y 位置"和"Z 位置"的"乘数"动画如图 9-24 所示，4 秒时设置的动画如图 9-25 所示。

图 9-24 0 秒"乘数"动画设置　　　图 9-25 4 秒"乘数"动画设置

7）再次选择"背景"层，执行菜单栏中的"效果"→"风格化"→"发光"选项，设置"发光参数如图 9-26 所示。并为"发光强度"设置动画，3 秒时为 2，4 秒时为 0，如图 9-27 所示。

图 9-26 "发光强度"设置

图 9-27 "发光强度"动画

8）"卡片旋转"制作完毕，渲染输出影片观看效果。

9.3 粒子运动场

9.3.1 粒子基本参数

"粒子运动场"参数面板及默认效果如图 9-28 所示。粒子运动场效果可以为大量相似的对象（如一群蜜蜂或暴风雪）设置动画。"发射"可从图层的特定点创建一连串粒子。"网格"可生成一个粒子面。"图层爆炸"和"粒子爆炸"可用于根据现有图层或粒子创建新粒子。可以在同一图层上使用粒子生成器的任意组合。

图 9-28 "粒子运动场"面板及默认效果

1）发射：默认的粒子模式，用于创建一连串连续的粒子。要使用不同的方法来创建粒子，先通过将"每秒粒子数"设置为零来关闭"发射"。

2）网格：用于根据一组网格交叉点创建一个连续的粒子面。"网格"粒子的移动完全通过"重力""排斥""墙"和"属性映射器"设置确定。

3）图层爆炸：用于将图层爆炸为新粒子。

4）粒子爆炸：用于将粒子爆炸为更多的新粒子。

5）图层映射：将"发射""网格""图层爆炸"和"粒子爆炸"创建的点粒子替换为合成中的图层。

6）重力：控制重力方向、速度、扩散力等。

7）排斥：用于指定附近粒子相互排斥或吸引的方式。

8）墙：用于包含粒子，从而限制粒子可以移动的区域。

9）永久属性映射器：永久性地控制单个粒子的特定属性。不能直接改变特定粒子，但可以使用图层图来指定通过图层中特定像素的任何粒子发生的变化。

10）短暂属性映射器：暂时性的控制单个粒子的特定属性。（短暂更改会使属性在每个帧后恢复其原始值。）不能直接改变特定粒子，但可以使用图层图来指定通过图层中特定像素的任何粒子发生的变化。

9.3.2 数字流

本节设计一个"数字流"实例，将应用以下几个特效：粒子运动场、分形杂色、残影和发光，完成效果如图 9-29 所示。

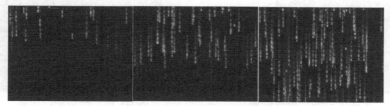

图 9-29 "数字流"实例完成效果

1）启动 After Effects，执行菜单栏中的"合成"→"新建合成"命令，新建一个合成。设置"合成名称"为"数字流"，"预设"为"PAL D1/DV"，持续时间为 5 秒。

2）按"Ctrl+Y"组合键，创建纯色层"粒子"，尺寸与合成大小相同，颜色为黑色。

3）选择"粒子"层，执行菜单栏中的"效果"→"模拟"→"粒子运动场"选项，单击"粒子运动场"效果右上角的"选项"按钮，如图 9-30 所示。将弹出"编辑文字"面板，如图 9-31 所示。单击"编辑发射文字"按钮输入"ABCDEFGHIJKLMN"并设置参数，如图 9-32 所示。合成窗口效果如图 9-33 所示。

图 9-30 "选项"参数

图 9-31 "编辑文字"面板

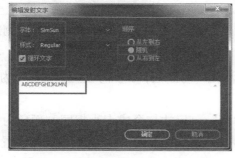

图 9-32 "编辑发射文字"设置

图 9-33 合成窗口效果

147

4）设置粒子的大小、颜色、重力等参数，如图 9-34 所示。效果如图 9-35 所示。

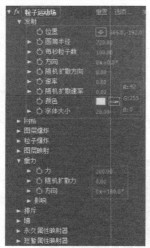

图 9-34 "粒子运动场"参数设置

图 9-35 合成窗口效果

5）按"Ctrl+N"组合键新建合成"映射层"，"预设"为"PAL D1/DV"，持续时间为 5 秒。

6）按"Ctrl+Y"组合键，创建纯色层"红"，尺寸与合成大小相同，颜色为黑色。

7）选择"红"层，执行菜单栏中的"效果"→"杂色和颗粒"→"分形杂色"选项，设置参数，如图 9-36 所示。为"演化"设置动画，0 秒时设置"演化"为 0x+0.0°，5 秒时为 2x+0.0°，如图 9-37 所示。

图 9-36 "分形杂色"设置

图 9-37 红色层"演化"属性动画设置

8）选择"红"层，按"Ctrl+D"组合键，复制图层并修改名称为"绿"。

9）修改"绿"层的"分形杂色"效果的"演化"动画值，0 秒时设置"演化"为-2x+0.0°，5 秒时为 0x+0.0°，如图 9-38 所示。

10）按"Ctrl+Y"组合键，创建纯色层"蓝"，尺寸与合成大小相同，颜色为白色。为"蓝"层添加矩形蒙版，设置"蒙版羽化"为 143。并为蒙版的"蒙版路径"设置动画，0 秒如图 9-39 所示，5 秒如图 9-40 所示。

图9-38 "绿"层"演化"属性动画

图9-39 0秒蒙版形状

图9-40 5秒蒙版形状

11）同时选择"红""绿""蓝"层，执行菜单栏中的"图层"→"图层样式"→"全部显示"命令，如图9-41所示。

图9-41 "图层样式"显示

12）展开"红""绿""蓝"层的"图层样式"→"混合选项"→"高级混合"选项，并分别关闭相应图层的另外两个通道，如图9-42所示。

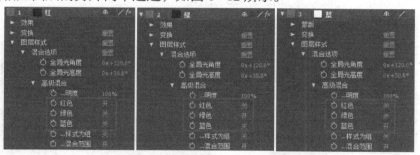
图9-42 "高级混合"通道设置

13）修改"红""绿""蓝"层的层"模式"为"相加"如图9-43所示。此时合成窗口效果如9-44所示。

图9-43 层模式设置

图9-44 合成窗口效果

14）在项目面板中选择"映射层"合成，将它们拖曳到"数字流"合成的最底层，并关闭"映射层"的显示。

15）返回"粒子"层的"粒子运动场"效果，用"映射层"的"红""绿""蓝"通道，分别来控制粒子的"Y轴速度""字符变化""不透明度"，设置如图9-45所示。

16）选择"粒子"层，执行菜单栏中的"效果"→"时间"→"残影"选项，设置如图9-46所示。

图 9-45　"粒子运动场"设置

图 9-46　"残影"设置

17）再次选择"粒子"层，执行菜单栏中的"效果"→"风格化"→"发光"选项，设置如图 9-47 所示。完成效果如图 9-48 所示。

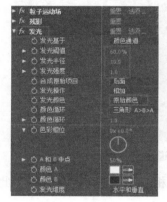

图 9-47　"发光"设置

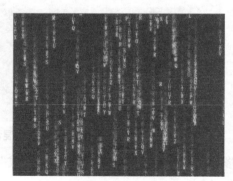

图 9-48　完成效果

9.3.3　跳动的数字

本节设计一个"跳动的数字"实例，将应用以下几个特效：粒子运动场、杂色 HLS、设置通道、梯度渐变、色光和发光，完成效果如图 9-49 所示。

图 9-49　"跳动的数字"实例完成效果

1）启动 After Effects，执行菜单栏中的"合成"→"新建合成"命令，新建一个合

成。设置"合成名称"为"映射层","预设"为"PAL D1/DV",持续时间为 5 秒。

2）利用文字工具,在合成中输入 30 个大写字母"I"（字母的个数经过计算）,将图层名称修改为"蓝"。设置"字符"参数如图 9-50 所示。调整文字层的"锚点"与"位置"使其位于合成下方,如图 9-51 所示。

3）展开"蓝"层,单击"文本"右侧的 ⬤ 按钮,如图 9-52 所示。在弹出的菜单中选择"缩放"选项如图 9-53 所示。设置"缩放"属性如图 9-54 所示。效果如图 9-55 所示。单击"添加"属性右侧的 ⬤ 按钮,为其添加"摆动"动画,如图 9-56 所示。效果如图 9-57 所示。

 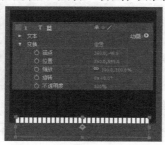

图 9-50 "字符"面板设置　　图 9-51 文字位置及效果　　图 9-52 文字"动画"属性

 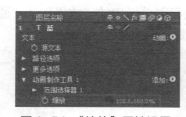 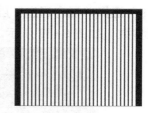

图 9-53 "缩放"属性　　图 9-54 "缩放"属性设置　　图 9-55 "缩放"效果

 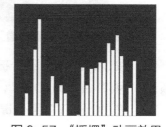

图 9-56 添加"摇摆"动画　　　　　图 9-57 "摇摆"动画效果

4）按"Ctrl+Y"组合键,创建纯色层"绿",将尺寸设置为 90×72 像素,颜色为黑色。

5）选择图层"绿",按"Ctrl+Alt+F"组合键使图层与合成匹配。并为其添加"效果"→"杂色和颗粒"→"杂色 HLS",设置"杂色相位"动画,0 秒时设置"杂色相位"为 0,5 秒时为 5,其余参数如图 9-58 所示。效果如图 9-59 所示。

 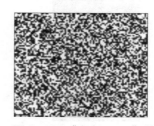

图 9-58 "绿"层"杂色相位"动画设置　　图 9-59 "杂色 HLS"效果

6）选择图层"绿"，按"Ctrl+D"组合键复制图层，将图层名称修改为"红"，将图层"红"的"杂色 HLS"效果的"杂色相位"动画进行修改，0 秒时为-5，5 秒时为 0，如图 9-60 所示。

图 9-60　红色层"杂色相位"动画设置

7）先后选择"红""绿"图层，按"Ctrl+Shift+C"组合键为这两个层制作"预合成"，设置如图 9-61 所示。

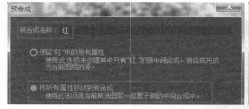

图 9-61　"红""绿"层"预合成"设置

8）按"Ctrl+Y"组合键，创建纯色层"混合通道"，尺寸与合成大小相同，颜色为黑色。

9）选择"混合通道"层，执行菜单栏中的"效果"→"通道"→"设置通道"选项，设置参数，如图 9-62 所示。完成效果如图 9-63 所示。

图 9-62　"设置通道"设置　　　　　　　图 9-63　"设置通道"效果

10）按"Ctrl+N"组合键，新建一个合成。设置"合成名称"为"跳动的数字"，"预设"为"PAL D1/DV"，持续时间为 5 秒。

11）按"Ctrl+Y"组合键新建"粒子"层，尺寸与合成大小相同，颜色保持默认。

12）选择"粒子"层，执行菜单栏中的"效果"→"模拟"→"粒子运动场"选项，隐藏"发射"粒子，将"发射"选项中的"每秒粒子数"设置为 0，如图 9-64 所示。

13）开启"网格"粒子，设置参数如图 9-65 所示。取消"重力"以使粒子在原地静止，如图 9-66 所示。将 0 帧的"字体大小"设置为 20，第 1 帧设置为 0，如图 9-67 所示。

图 9-64　隐藏"发射"粒子　　　　　　图 9-65　开启"网格"粒子

图 9-66 取消"重力"

图 9-67 "字体大小"动画设置

14）利用数字替换粒子，单击"选项"按钮，在弹出的窗口中单击"编辑网格文字"按钮，接着在弹出的对话框中输入数字"1"（此文字可任意），如图 9-68 所示。此时合成窗口效果如图 9-69 所示。

15）将项目面板中的"映射层"合成拖曳到"跳动的数字"合成中，并关掉图层的显示。

16）选择"粒子"层，设置"粒子运动场"的"短暂属性映射器"，如图 9-70 所示。此时合成窗口效果如图 9-71 所示。

17）选择"粒子"层，执行菜单栏中的"效果"→"生产"→"梯度渐变"选项，设置参数如图 9-72 所示。

图 9-68 数字替换粒子

图 9-69 数字效果

图 9-70 "短暂属性映射器"设置

图 9-71 合成窗口效果

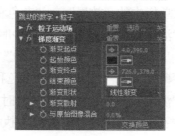

图 9-72 "梯度渐变"设置

18）再次选择"粒子"层，执行菜单栏中的"效果"→"颜色校正"→"色光"选项，参数保持默认即可。

19）最后为"粒子"层添加"效果"→"风格化"→"发光"，参数设置如图 9-73 所示。完成效果如图 9-74 所示。

图 9-73 "发光"设置

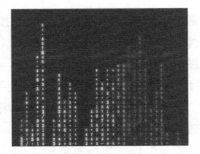

图 9-74 完成效果

9.3.4 火凤凰

本节设计一个"火凤凰"实例，将应用以下几个特效：粒子运动场、分形杂色、色光和发光，完成效果如图 9-75 所示。

图 9-75 "火凤凰"实例完成效果

1）启动 After Effects，执行菜单栏中的"合成"→"新建合成"命令，新建一个合成。设置"合成名称"为"映射层"，"预设"为"PAL D1/DV"，持续时间为 5 秒。

2）按"Ctrl+Y"组合键新建"蓝"层，尺寸与合成大小相同，颜色为白色。

3）按"Ctrl+Y"组合键新建"绿"层，尺寸与合成大小相同，颜色为白色。选择"绿"层，执行菜单栏中的"效果"→"杂色和颗粒"→"分形杂色"选项，设置"演化"动画，0秒时设置"演化"为 -2x+0.0°，5 秒时为 0x+0.0°，如图 9-76 所示。其余参数保持默认。

4）按"Ctrl+Y"组合键新建"红"层，尺寸与合成大小相同，颜色为白色。选择"红"层，执行菜单栏中的"效果"→"杂色和颗粒"→"分形杂色"选项，设置"演化"动画，0秒时设置"演化"为 0x+0.0°，5 秒时为 2x+0.0°，如图 9-77 所示。其余参数保持默认。

5）选择"红""绿""蓝"层，执行菜单栏中的"图层"→"图层样式"→"全部显示"选项，如图 9-78 所示。

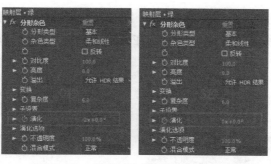

图 9-76 "绿"层"演化"属性动画

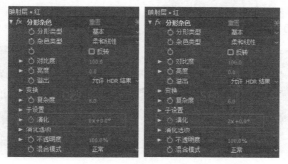

图 9-77 "红"层"演化"属性动画

图 9-78 "图层样式"显示

6）展开"红""绿""蓝"层的"图层样式"→"混合选项"→"高级混合"选项，并分别关闭相应图层的另外两个通道，如图 9-79 所示。

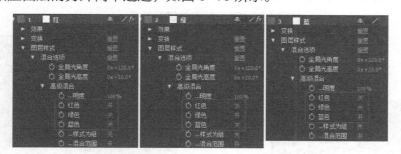

图 9-79 "高级混合"通道设置

7）修改"红""绿""蓝"层的层"模式"为"相加"，如图 9-80 所示。此时合成窗口效果如 9-81 所示。

8）按"Ctrl+N"组合键，新建一个合成。设置"合成名称"为"凤凰"，"预设"为"PAL D1/DV"，持续时间为 5 秒。

9）在项目面板中双击，导入素材→9 章→9.3→9.3.4 的素材"凤凰"，将"凤凰"素材置于"凤凰"合成中，选择"凤凰"层，将层的"缩放"修改为"-20.0，20.0％"。

10）选择"凤凰"层，执行菜单栏中的"窗口"→"动态草图"选项，单击"开始捕捉"按钮，如图9-82所示。按住鼠标左键在视图中绘制层的运行轨迹，如图9-83所示。

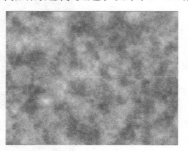

图9-80　层模式设置　　　　　　　　　　图9-81　合成窗口效果

图9-82　"开始捕捉"按钮　　　　　　　图9-83　运行轨迹

11）选择"凤凰"层，按"P"键展开层的"位置"属性，单击"位置"字样选择所有关键帧，如图9-84所示。选择菜单栏中的"窗口"→"平滑器"选项，将"容差"设置为40，单击"应用"按钮，如图9-85所示。利用曲线句柄调整曲线形状如图9-86所示。

图9-84　所有关键帧选择

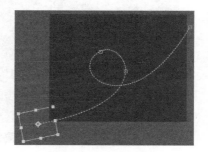

图9-85　"容差"设置　　　　　　　图9-86　曲线形状

12）按"Ctrl+N"组合键，新建一个合成。设置"合成名称"为"火凤凰"，"预设"为"PAL D1/DV"，持续时间为5秒。

13）在项目面板中将"映射层"与"凤凰"合成置于"火凤凰"合成中，并关闭这两个层的显示。

14）按"Ctrl+Y"组合键新建"粒子"层，尺寸与合成大小相同，颜色为黑色。执行菜单栏中的"效果"→"模拟"→"粒子运动场"选项，隐藏"发射"粒子，将"粒子运动场"面板中的"每秒粒子数"设置为 0，如图 9-87 所示。开启"图层爆炸"粒子，设置如图 9-88 所示。设置"永久属性映射器"参数如图 9-89 所示，设置"短暂属性映射器"参数如图 9-90 所示。

图 9-87　"每秒粒子数"设置

图 9-88　"图层爆炸"粒子设置

图 9-89　"永久属性映射器"设置

图 9-90　"短暂属性映射器"设置

15）选择"粒子"层，执行菜单栏中的"效果"→"色彩校正"→"色光"选项，设置如图 9-91 所示。为"粒子"层添加发光效果，选择菜单栏中的"效果"→"风格化"→"发光"选项，设置如图 9-92 所示。自此"火凤凰"实例全部完成。

图 9-91　"色光"设置

图 9-92　"发光"设置

课后作业与练习

1）学习"泡沫"效果，分析"水草飘动"动画源文件，并利用提供的素材，练习制作"水草飘动"动画。

2）学习"碎片"效果，分析"聚合"动画源文件，并利用提供的素材，练习制作"聚合"动画。

AE

第 10 章

常用特效插件

After Effects 除了内置的特效以外，还支持很多特效插件。通过对特效插件的应用，可以使动画的制作更为简便，同时动画效果也更为炫丽。本章将通过实例来讲解常用的特效插件的使用方法。

教学目标与知识点

教学目标
1）具备 Optical Flares 光效插件的使用能力。
2）具备 Shine 与 3D Stroke 插件的使用能力。
3）具备 Particular 插件的使用能力。

知识点
1）Optical Flares 与 Shine 插件的使用方法。
2）3D Stroke 与 Starglow 插件的使用方法。
3）Particular 插件的使用方法。

【授课建议】

总学时：14 学时（630min）

教 学 内 容	教 学 手 段	建议时间安排/min
Optical Flares 与 Shine	效果演示与操作讲解 学生操作	135
Stroke		45
Starglow		
Trapcode　Particula		445
课程总结 布置课后作业与练习	讲解	5

10.1 Optical Flares（光斑）与 Shine（发光）

10.1.1 Optical Flares 基本参数

Optical Flares 是 VideoCopilot 于 2010 年 1 月出品的一款光晕插件，因操作方便，效果绚丽，渲染速度迅速，备受大家的喜爱，支持 32 位图像。其参数面板及默认效果如图 10-1 所示。

图 10-1　Optical Flares 参数面板及默认效果

1）Position XY：用于控制光晕的位置。

2）Center Position：用于控制中间光束的位置。

3）Brightness：用于控制光斑的亮度。

4）Scale：用于控制光斑的比例。

5）Rotation Offset：用于控制光斑的旋转。

6）Color：用于控制光斑的颜色。

7）Color Mode：用于控制光斑的颜色模式。

8）Animation Evoluti：用于控制光晕的随机变化。

9）GPU：开启可进行相应的显卡加速。

10）Positioning Mode：通过 5 种模式来控制光斑的位置。

11）Foreground Layers：在三维空间中通过选择前景层来遮挡后面的光斑效果。

12）Flicker：用于控制光斑的闪烁。

13）Custom Layers：用于定义光斑各组成部分纹理的图层。

14）Motion Blur：用于控制运动模糊效果。

10.1.2 Shine 基本参数

Shine 是一个能在 After Effects 中快速制作各种炫光效果的特效，这样的炫光效果经常出现在电影片头中，有点像 3D 软件里的体积光。它虽然是二维光效，但它能模拟三维体积光，为后期合成带来更多的效果和便利。Shine 提供了许多特别的参数，以及多种颜色调整模式。其参数面板及默认效果如图 10-2 所示。

图 10-2 参数面板及默认效果

1）Pre-Process：用于控制光源的范围。

2）Source Point：用于控制光源点的位置。

3）Ray Length：用于控制光线的长度。

4）Shimmer：用于控制光线的细节。

5）Boost Light：用于控制光线的强度。

6）Colorize：用于控制光线的颜色。

7）Source Opacity：用于控制发光素材的透明度。

8）Shine Opacity：用于控制光线的透明度。

9）Blend Mode：用于控制光线与发光素材的混合模式。

10.1.3 "Trapcode Shine" 实例

本节设计一个 "Trapcode Shine" 实例，将应用以下几个特效：Optical Flares、湍流置换和 Shine，完成效果如图 10-3 所示。

图 10-3 "Trapcode Shine" 实例完成效果

1）启动 After Effects，执行菜单栏中的 "合成" → "新建合成" 命令，新建一个合成。设置 "合成名称" 为 "shine"，设置宽高为 720×400 像素，帧速率为 25，持续时间为 5 秒。

2）按"Ctrl+Y"组合键，创建纯色层"雷云"，尺寸与合成大小相同，颜色为黑色。

3）选择图层"雷云"，执行菜单栏中的"效果"→"Video Copilot"→"Optical Flares"选项。设置光斑属性，单击"Optical Flares"效果的"Options"选项，如图 10-4 所示，将弹出如图 10-5 所示的"Optical Flares Options"窗口。

图 10-4 "Options"选项

图 10-5 "Optical Flares Options"窗口

4）在"Optical Flares Options"窗口中，单击▪图标。去掉光斑的所有默认元素，如图 10-6 所示。然后用鼠标左键单击面板右下方的"Glow"元素进行"Glow"元素的添加，如图 10-7 所示。设置"Glow"的"Brightness"为 73.5，"Scale"为 25%，如图 10-8 所示。单击面板右上角的"OK"按钮完成设置。

图 10-6 去掉光斑

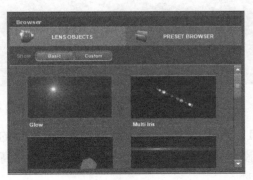

图 10-7 添加"Glow"属性

图 10-8 "Glow"设置

5）返回"Optical Flares"效果面板，设置"Position XY"参数如图 10-9 所示，其他参数保持默认。此时合成窗口效果如图 10-10 所示。

图 10-9 "Position XY"设置 　　　图 10-10 合成窗口效果

6）选择"雷云"层，执行菜单栏中的"效果"→"扭曲"→"湍流置换"选项，设置"数量"为 403，"大小"为 100，"复杂度"为 10，"消除锯齿"为"高"。并在 0 秒与 5 秒为"演化"设置动画，0 秒时为（0x+0），5 秒时为（0x+300°），如图 10-11 所示。完成效果如图 10-12 所示。

图 10-11 "湍流置换"参数设置 　　　图 10-12 "湍流置换"完成效果

7）选择"雷云"层，按"Ctrl+D"组合键 3 次复制"雷云 1""雷云 2"和"雷云 3"层，修改"雷云 1"层效果面板的参数如图 10-13 所示。修改"雷云 2"层效果面板的参数如图 10-14 所示。修改"雷云 3"层效果面板的参数如图 10-15 所示。将所有"雷云"层的图层模式均修改为"屏幕"，完成效果如图 10-16 所示。

8）执行菜单栏中的"图层"→"新建"→"调节图层"命令，并为其应用"效果"→"颜色校正"→"曲线"，调节蓝色曲线形状如图 10-17 所示。完成效果如图 10-18

所示。

图 10-13 "雷云 1"参数设置

图 10-14 "雷云 2"参数设置

图 10-15 "雷云 3"参数设置

图 10-16 完成效果 1

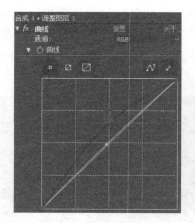

图 10-17 "曲线"设置

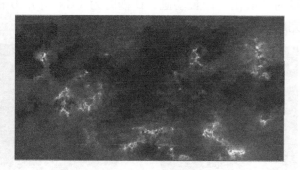

图 10-18 完成效果 2

9）选择"雷云 3"层，按"Ctrl+D"组合键复制"雷云 4"和"雷云 5"层。将两个新层置于"调整图层 1"之上，此时的图层关系如图 10-19 所示。修改"雷云 4"层的效果参数如图 10-20 所示。修改"雷云 5"层的效果参数如图 10-21 所示。完成效果如图 10-22 所示。

图 10-19 图层关系

10）按"Ctrl+Y"组合键新建一个纯色层"暗角"，设置宽高为 720×400 像素，颜色为黑色。选择"暗角"层，使用工具栏上的"蒙版工具"，绘制蒙版如图 10-23 所示。设置蒙版属性如图 10-24 所示。

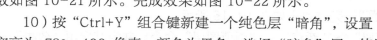

图 10-20 "雷云 4"参数设置

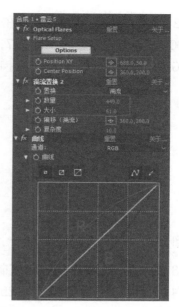

图 10-21 "雷云 5"参数设置

图 10-22 完成效果 3

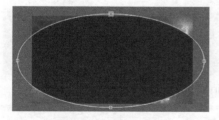

图 10-23 绘制蒙版

图 10-24 蒙版属性设置

11）再次执行菜单栏中的"图层"→"新建"→"调节图层"命令，并为其应用"效果"→"风格化"→"发光"，设置参数如图 10-25 所示。完成效果如图 10-26 所示。

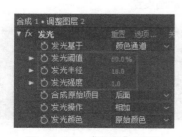

图 10-25 "发光"设置

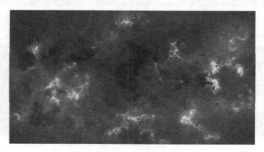

图 10-26 完成效果 4

12）将时间线调整到 2 秒，在合成中输入文字"Trapcode Shine"，"字符"面板设置如图 10-27 所示，颜色为（R：137，G：168，B：255）。开启其三维属性，设置位置为（355，196，0）。此时合成窗口效果如图 10-28 所示。

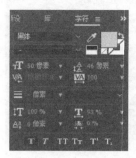

图 10-27 "字符"面板设置

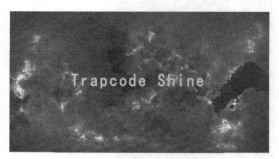

图 10-28 完成效果 5

13）按"Ctrl+D"组合键复制文字层，将新复制的"Trapcode Shine 2"层颜色修改为白色，设置位置如图 10-29 所示。为"Trapcode Shine 2"层添加"效果"→"Trapcode" → "Shine"，设置"Shine"效果的"Source point""Ray Length"和"Boost Light"属性动画。2 秒时设置如图 10-30 所示；2 秒 12 帧时设置如图 10-31 所示；3 秒时设置如图 10-32 所示；4 秒时设置如图 10-33 所示；5 秒时设置如图 10-34 所示；4 秒时的效果如图 10-35 所示。

图 10-29 设置位置

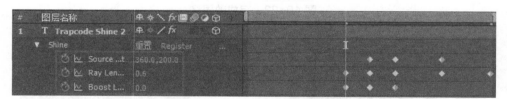

图 10-30 2 秒时 Shine 动画设置

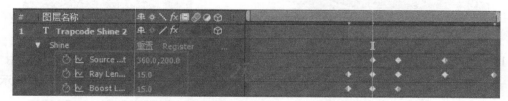

图 10-31 2 秒 12 帧时 Shine 动画设置

图 10-32 3 秒时 Shine 动画设置

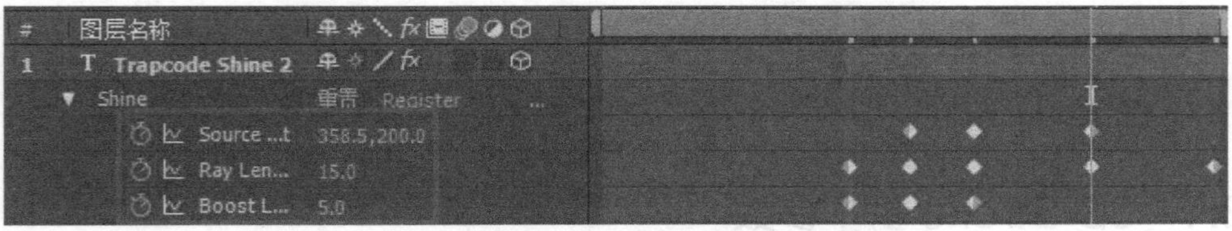

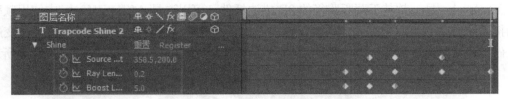

图 10-33　4 秒时 Shine 动画设置

图 10-34　5 秒时 Shine 动画设置

图 10-35　4 秒时的效果

14）选择如图 10-36 所示的层，按"S"键展开层的"缩放"属性，在 0 秒时设置"缩放"为（200，200），4 秒时设置"缩放"为（100，100）。选择两个文字层，并设置层的"缩放"动画，如图 10-37 所示。最后为两个文字层制作"不透明度"动画，设置"不透明度"的值：2 秒时为 0%，2 秒 12 帧时为 100%。这样就完成了"Trapcode Shine"动画的制作。

图 10-36　选择层

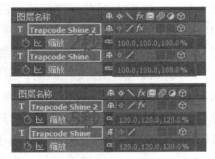

图 10-37　文字层的"缩放"动画设置

167

10.2　3D Stroke

10.2.1　3D Stroke 基本参数

　　3D Stroke 是一款基于蒙版路径的 3D 描边插件，可以说是 After Effects 中使用频率最高的插件之一。它可以根据给定的蒙版路径形状来进行描边，并且可以对描边效果做变形处理，做出非常炫目的效果。其参数面板及应用了圆形蒙版路径的默认效果如图 10-38 所示。

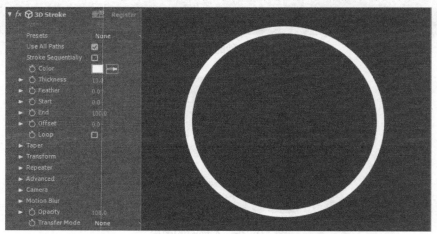

图 10-38　3D Stroke 参数面板及默认效果

　　1）Path：用于选择所使用的蒙版路径。

　　2）Presets：预设。预设图形可与蒙版路径同时使用。

　　3）Use All Paths：使用所有的蒙版路径。

　　4）Stroke Sequentially：按蒙版路径绘制的先后顺序描边。

　　5）Color：描边线的颜色。

　　6）Thickness：描边线的粗细。

　　7）Feather：描边线的边缘羽化。

　　8）Start：开始点相对于蒙版路径的位置。

　　9）End：结束点相对于蒙版路径的位置。

　　10）Offset：线条整体偏移，取值范围为−100～100。

　　11）Loop：循环，勾选后，描边线循环运动。

　　12）Taper：锥化程度控制组，用于控制起始位置的锥化设置。

　　13）Transform：变化控制组，用于控制描边线在三维空间中的变化。

　　14）Repeater：重复选项组，用于控制重复的描边线的设置。

　　15）Advanced：高级选项组，用于控制描边路径的步幅、精度和透明度等参数。

　　16）Camera：摄像机选项组，用于控制合成中摄像机的相关属性。

　　17）Motion Blur：运动模糊，用于控制描边线的运动模糊设置。

18）Opacity：描边线的透明度。

19）Transfer Mode：描边线与自身纯色层的层叠加模式设置。

10.2.2 "光线球"实例

本节设计一个"光线球"实例，将应用 3D Stroke 和发光特效，完成效果如图 10-39 所示。

1）启动 After Effects，执行菜单栏中的"合成"→"新建合成"命令，新建一个合成。设置"合成名称"为"光线球"，宽高为 720×576 像素，长宽比为"方形像素"，持续时间为 3 秒。

图 10-39　"光线球"实例完成效果

2）按"Ctrl+Y"组合键新建一个纯色层"黄色光线"，尺寸与合成大小相同，颜色为黑色。选择"黄色光线"层，使用工具栏上的"蒙版工具"，绘制蒙版如图 10-40 所示。

3）选择"黄色光线"层，执行菜单栏中的"效果"→"Trapcode"→"3D Stroke"选项，效果如图 10-41 所示。

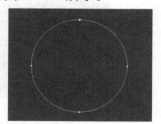

图 10-40　绘制蒙版

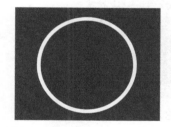

图 10-41　"3D Stroke"效果

4）展开"3D Stroke"效果面板，设置 Color 为（R：255，G：186，B：0），Thickness 为 1，"Feather"为 100，并为"Strat"和"End"参数设置动画。0 秒时"Strat"为 100，"End"为 100。2 秒时"End"为 100。3 秒时"Strat"为 0，"End"为 0，如图 10-42 所示。

图 10-42　"3D Stroke"动画设置

5）展开"3D Stroke"效果的"Transform"选项，设置参数如图10-43所示。继续展开"3D Stroke"效果的"Repeater"选项，设置参数如图10-44所示。并设置"X Rotation"与"Y Rotation"的动画，0秒时"X Rotation"为0x-2.0°，"Y Rotation"为0x+5.0°；3秒时"X Rotation"为0x+2.0°，"Y Rotation"为0x-5.0°，如图10-45所示。展开"Camera"项设置如图10-46所示。完成效果如图10-47所示。

6）按"Ctrl+D"组合键复制"黄色光线"层，将名称修改为"绿色光线"。切换到"绿色光线"层的"3D Stroke"效果面板，修改颜色为（R：0，G：255，B：0），修改"Transform"选项如图10-48所示，其他参数保持默认。完成效果如图10-49所示。

图10-43 "Transform"设置

图10-44 0秒时"Repeater"设置

图10-45 3秒时"Repeater"设置

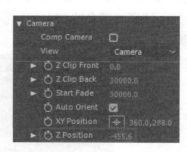

图10-46 "Camera"属性设置

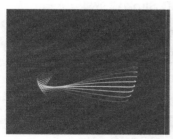

图10-47 完成效果

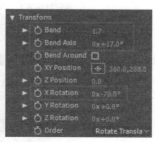

图10-48 "绿色光线"设置

图10-49 "绿色光线"层完成效果

7）按"Ctrl+D"组合键复制"绿色光线"层，将名称修改为"蓝色光线"。切换到"蓝色光线"层的"3D Stroke"效果面板，修改颜色为（R：0，G：102，B：255），修改"Transform"选项如图10-50所示，其他参数保持默认。完成效果如图10-51所示。

8）按"Ctrl+D"组合键复制"蓝色光线"层，将名称修改为"紫色光线"。切换到"紫色光线"层的"3D Stroke"效果面板,修改颜色为(R:255,G:0,B:252),修改"Transform"选项如图 10-52 所示,修改"Repeater"选项如图 10-53 所示,其他参数保持默认。完成效果如图 10-54 所示。

9)执行菜单栏中的"图层"→"新建"→"调整图层"命令,选择"调整图层",执行菜单栏中的"效果"→"风格化"→"发光"选项,参数设置如图 10-55 所示。完成效果如图 10-56 所示。

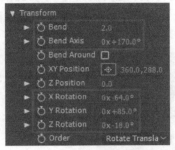

图 10-50　"蓝色光线"层设置

图 10-51　"蓝色光线"层完成效果

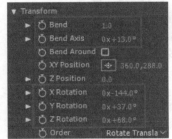

图 10-52　"紫色光线"层设置

图 10-53　"Repeater"设置

图 10-54　"紫色光线"层完成效果　　图 10-55　"发光"设置

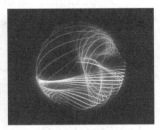

图 10-56　完成效果

10)选择"黄色光线"层,为其"3D Stroke"效果"Camera"属性中的"Z Rotation"制作动画,0 秒时为 0x+0.0°,3 秒时为 1x+0.0°,如图 10-57 所示。为"绿色光线""蓝色光线"和"紫色光线"层执行同样的操作。这样就完成了"光线球"动画的制作。

图 10-57　"Camera"属性动画设置

171

10.3 Starglow

10.3.1 Starglow 基本参数

Starglow 是一个根据源图像的高光部分建立星光闪耀的特效。星光的外形可以包括 8 个方向，每个方向都能被单独的赋予颜色贴图和调整强度。其参数面板及默认效果如图 10-58 所示。

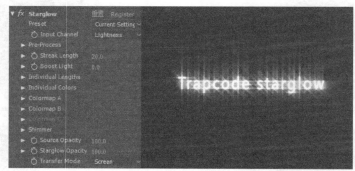

图 10-58　Starglow 参数面板及默认效果

1）Preset：效果预设。

2）Input Channel：选择效果以何种类型的通道为发光基础。

3）Pre-Process：预处理，用于设置星光发射的范围。

4）Streak Length：调整整个星光的散射长度。

5）Boost Light：调整星光的强度。

6）Individual Lengths：调整每个方向的星光长度。

7）Individual Colors：设置每个方向的颜色贴图，最多有 A、B、C 三种颜色贴图选择。

8）ColormapA、B、C：用于设置三个星光的颜色贴图。

9）Shimmer：用于控制星光的细节。

10）Source Opacity：设置源素材的透明度。

11）Starglow Opacity：设置星光的透明度。

12）Transfer Mode：设置星光闪耀特效和源素材的画面叠加方式。

10.3.2 "星空"实例

本节设计一个"星空"实例，将应用 CC Particle Systems II 和 Starglow 特效，完成效果如图 10-59 所示。

图 10-59　"星空"实例完成效果

1）启动 After Effects，执行菜单栏中的"合成"→"新建合成"命令，新建一个合成。设置"合成名称"为"星空"，宽高为 720×400 像素，帧速率为 25 帧/秒，持续时间为 8 秒。

2）按"Ctrl+Y"组合键，创建纯色层"背景"，尺寸与合成大小相同，颜色为黑色。

3）选择"背景"层，执行菜单栏中的"效果"→"模拟"→"CC Particle Systems II"选项，设置效果的"Longevity""Producer"和"Physics"选项参数如图 10-60 所示。设置"Particle"参数如图 10-61 所示。并为"Birth Rate"设置动画，0 秒时为 1.0，3 秒时为 0.0，如图 10-62 所示。完成效果 1 如图 10-63 所示。

图 10-60　"Producer"等参数设置

图 10-61　"Particle"设置

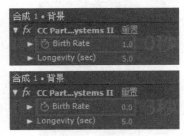

图 10-62　"Birth Rate"动画设置

图 10-63　完成效果 1

4）继续为"背景"层添加"效果"→"Trapcode"→"Starglow"，设置参数如图 10-64 所示。完成效果 2 如图 10-65 所示。

图 10-64　"Starglow"设置

图 10-65　完成效果 2

5）在合成中输入文字"Trapcode Starglow"，"字符"面板设置如图 10-66 所示，颜色白色。调节锚点到文字层的中间，设置位置为（360，196）。合成窗口效果如图 10-67 所示。

图 10-66　"字符"面板设置　　　　图 10-67　合成窗口效果

6）选择"Trapcode Starglow"文字层，执行菜单栏中的"效果"→"Trapcode"→"Starglow"选项，设置效果的"Individual Lengths"选项参数如图 10-68 所示。为"Colormap A"与"Colormap B"设置参数如图 10-69 所示。并为"Streak Length""Source Opacity"和 Starglow Opacity 设置动画，3 秒时设置如图 10-70 所示，5 秒时设置如图 10-71 所示。

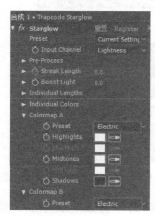

图 10-68　"Individual Lengths"设置　　　　图 10-69　"Colormap A、B"设置

图 10-70　3 秒时动画设置　　　　图 10-71　5 秒时动画设置

7）为"Trapcode Starglow"文字层设置"缩放"动画，3 秒时为（100，100%），5 秒时为（120，120%）。这样就完成了"星空"动画的制作。完成效果 3 如图 10-72 所示。

图 10-72 完成效果 3

10.4 Trapcode Particula

10.4.1 Trapcode Particular 基本参数

Particular 是 After Effects 的一个 3D 粒子系统，它可以产生各种各样的自然效果，如烟、火、闪光。也可以产生有机的和高科技风格的图形效果，它对于运动的图形设计是非常有用的。将其他层作为贴图，使用不同参数，可以进行无止境的独特设计。其参数面板及默认效果如图 10-73 所示。

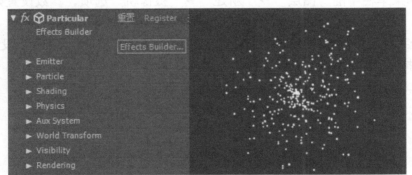

图 10-73 Particular 参数面板及默认效果

1）Effects Builder：在 Trapcode Particular Effects Builder 界面调节粒子属性。

2）Emitter：发射器属性，用于设置粒子每秒发射数量、发射器类型、中心位置和速度等。

3）Particle：粒子属性，用于设置粒子的生命、类型、尺寸和透明等。

4）Shading：光照属性，用于设置粒子的灯光衰减、衰减距离、反射和阴影等。

5）Physics：物理属性，用于设置粒子的空气属性和弹力属性。

6）Aux System：辅助系统属性，用于设置子粒子的属性。

7）World Transform：世界坐标属性，用于设置粒子整体相对世界坐标旋转偏移和位置偏移。

8）Visibility：可见属性，用于设置粒子的可见性。

9）Rendering：渲染属性，用于设置粒子的渲染模式、粒子数量、景深和运动模糊等。

10.4.2 Aux System 应用

本节设计一个"盛开的花朵"实例，将应用 Particular 粒子的 Aux System 属性，完成效果如图 10-74 所示。

图 10-74 "盛开的花朵"实例完成效果

1）启动 After Effects，执行菜单栏中的"合成"→"新建合成"命令，新建一个合成。设置"合成名称"为"盛开的花朵"，设置宽高为 700×400 像素，帧速率为 25 帧/秒，持续时间为 8 秒。

2）按"Ctrl+Y"组合键，创建纯色层"粒子"，尺寸与合成大小相同，颜色为黑色。

3）选择"粒子"层，执行菜单栏中的"效果"→"Trapcode"→"Particular"选项，参数保持默认。

4）选择菜单栏中的"图层"→"新建"→"摄像机"选项，参数设置如图 10-75 所示。

5）选择菜单栏中的"图层"→"新建"→"灯光"选项，将"灯光类型"设置为"点"，其他参数保持默认。

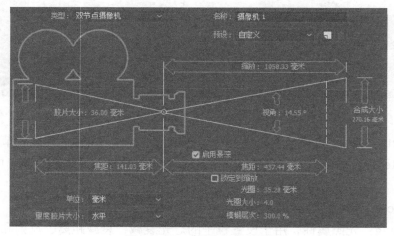

图 10-75 "摄像机"设置

6）使用灯光位置来控制粒子发射源。切换到"粒子"层的效果面板，展开"Particular"的"Emitter"选项，按"Alt"键，同时用鼠标左键单击"Position XY"左侧的 按钮。在时间线面板中选择"Position XY"的表达式关联器 ，并将其拖曳到"灯光"层的"位置"

属性上，如图 10-76 所示。再次执行前面的步骤将"粒子"层的"Position Z"属性与"灯光"层的"Z轴位置"关联，如图 10-77 所示。

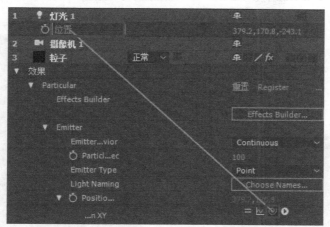

图 10-76　"粒子"层"Position XY"属性与"灯光"层"位置"关联

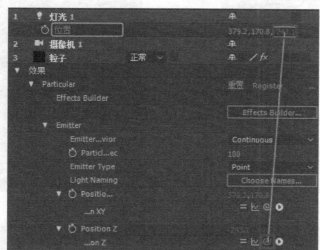

图 10-77　"粒子"层"Position Z"属性与"灯光"层"Z轴位置"关联

7）选择"灯光"层，设置灯光层在 0 秒和 8 秒的位置动画，如图 10-78 所示。

图 10-78　灯光层 0 秒和 8 秒位置动画

8）选择"灯光"层，按"Alt"键，同时单击"位置"左侧的 按钮，在时间线面板中输入"wiggle（0.6，30）"，如图 10-79 所示。至此完成了粒子发射源与灯光位置的关联。

图 10-79　wiggle 表达式

9）选择"粒子"层，切换到效果面板，设置"Particular"的"Emitter"参数如图 10-80 所示，设置"Particle"参数如图 10-81 所示。设置"Aux System"参数如图 10-82 所示。

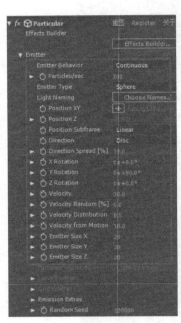

图 10-80 "Emitter"参数设置

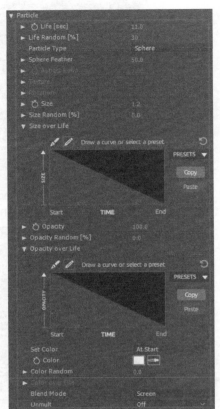

图 10-81 "Particle"参数设置

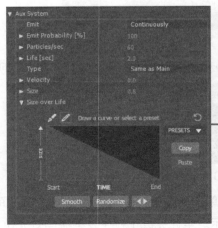

图 10-82 "Aux System"参数设置

10）选择"摄像机"层，设置摄像机的属性如图 10-83 所示。完成效果如图 10-84 所示。

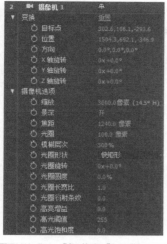

图 10-83　"摄像机"属性设置

图 10-84　完成效果

10.4.3　Air 应用

本节设计一个"粒子聚集"实例，将应用 Particular 粒子的 Air 属性，完成效果如图 10-85 所示。

图 10-85　"粒子聚集"实例完成效果

1）启动 After Effects，执行菜单栏中的"合成"→"新建合成"命令，新建一个合成。设置"合成名称"为"文字"，设置宽高为 700×400 像素，帧速率为 25 帧/秒，持续时间为 8 秒。

2）在合成中输入文字"Particular"，"字符"面板设置如图 10-86 所示，位置为（80，218），颜色为白色。合成窗口效果如图 10-87 所示。

图 10-86　"字符"面板设置

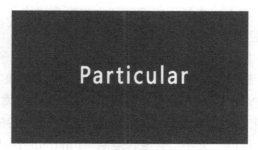

图 10-87　合成窗口效果

3）选择"Particular"层，执行菜单栏中的"效果"→"生成"→"梯度渐变"选项，参数设置如图 10-88 所示。继续为其添加"效果"→"颜色校正"→"色光",参数设置如图 10-89 所示。完成效果如图 10-90 所示。

4)为"Particular"层添加矩形蒙版,并为"蒙版路径"设置动画。0 秒时如图 10-91 所示;6 秒时如图 10-92 所示。"蒙版羽化"设置如图 10-93 所示。

图 10-88 "梯度渐变"设置

图 10-89 "色光"设置

图 10-90 "色光"完成效果

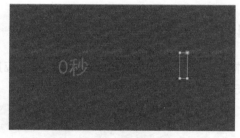

图 10-91 0 秒"蒙版路径"动画

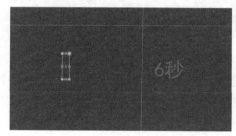

图 10-92 6 秒"蒙版路径"动画

图 10-93 "蒙版羽化"设置

5)按"Ctrl+N"组合键新建合成,设置"合成名称"为"粒子",设置宽高为 700× 400 像素,帧速率为 25 帧/秒,持续时间为 8 秒。

6)将上一步制作完成的"文字"合成拖入"粒子"合成中,作为层使用,并开启其三维属性。

7)按"Ctrl+Y"组合键,创建纯色层"粒子",尺寸与合成大小相同,颜色为黑色。

8)选择"粒子"层,执行菜单栏中的"效果"→"Trapcode"→"Particular"选项。展开"Particular"效果,"Emitter"属性设置如图 10-94 所示,"Particle"属性设置如图 10-95 所示,"Physics"属性设置如图 10-96 所示。完成效果 1 如图 10-97 所示。

9)返回"文字"合成,复制"Particular"层并将其粘贴到"粒子"合成中,将其置于合成最下面,如图 10-98 所示。修改图层的"蒙版路径"动画,0 秒时如图 10-99 所示,6 秒时如图 10-100 所示。

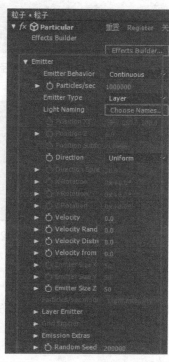

图 10-94　"Emitter"属性设置

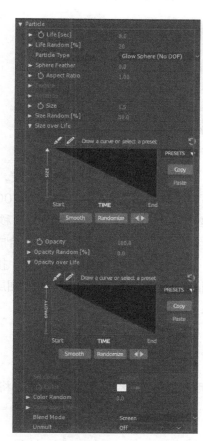

图 10-95　"Particle"属性设置

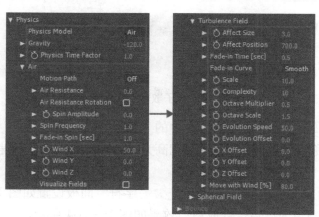

图 10-96　"Physics"属性设置

图 10-97　完成效果 1

图 10-98　图层关系

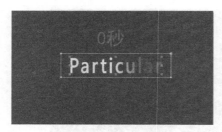

图 10-99　0 秒时"蒙版路径"动画

图 10-100　6 秒时"蒙版路径"动画

10）按"Ctrl+N"组合键新建合成，设置"合成名称"为"粒子聚集"，设置宽高为 700×400 像素，帧速率为 25 帧/秒，持续时间为 8 秒。

11）将上一步制作完成的"粒子"合成拖入"粒子聚集"合成中，作为层使用。选择层，执行菜单栏中的"图层"→"时间"→"时间反向图层"命令，完成效果 2 如图 10-101 所示。

图 10-101　完成效果 2

10.4.4　Bounce 应用

本节设计一个"粒子散落"实例，将应用 Particular 粒子的 Bounce 属性，完成效果如图 10-102 所示。

图 10-102　"粒子散落"实例完成效果

1）启动 After Effects，执行菜单栏中的"合成"→"新建合成"命令，新建一个合成。设置"合成名称"为"Logo"，设置宽高为 700×400 像素，帧速率为 25 帧/秒，持续时间为 8 秒。

2）在合成中输入文字"Logo Design"，"字符"面板设置如图 10-103 所示，位置为（183，197），颜色为白色。合成窗口效果如图 10-104 所示。

图 10-103　"字符"面板设置

图 10-104　合成窗口效果

3）选择"Logo Design"层，执行菜单栏中的"效果"→"生成"→"梯度渐变"选项，参数设置如图 10-105 所示。继续为其添加"效果"→"颜色校正"→"色光"，设置如图 10-106 所示。最后为其添加"效果"→"透视"→"斜面 Alpha"，设置如图 10-107所示。完成效果如图 10-108 所示。

4）按"Ctrl+N"组合键新建合成，设置"合成名称"为"粒子散落"，设置宽高为700×400 像素，帧速率为 25 帧/秒，持续时间为 8 秒。

图 10-105　"梯度渐变"设置 1

图 10-106　"色光"设置

图 10-107　"斜面 Alpha"设置

图 10-108　"斜面 Alpha"效果

5）按"Ctrl+Y"组合键，创建纯色层"背景"，尺寸与合成大小相同，颜色为黑色。调整"背景"层到合成底部。并为其添加"效果"→"生成"→"梯度渐变"，参数设置如图 10-109 所示。完成效果如图 10-110 所示。

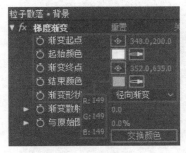

图 10-109　"梯度渐变"设置 2

图 10-110　"背景"完成效果

6）按"Ctrl+Y"组合键，创建纯色层"反弹板"，尺寸与合成大小相同，颜色为白色。开启层的三维空间属性，设置参数如图 10-111 所示。层效果如图 10-112 所示。完成后将"反弹板"层置于"背景"层之下。

图 10-111　"反弹板"参数设置　　　　图 10-112　"反弹板"效果

7）将上一步制作完成的"Logo"合成拖入"粒子散落"合成中，作为层使用，并将其放置于"背景"层之上，开启其三维属性。选择"Logo"层，为其设置"不透明度"动画，0 秒时为 100，3 秒时为 0。

8）按"Ctrl+Y"组合键，创建纯色层"粒子"，尺寸与合成大小相同，颜色为黑色。

9）选择"粒子"层，执行菜单栏中的"效果"→"Trapcode"→"Particular"选项。展开"Particular"效果的"Emitter"选项，为"Particles/sec"项设置动画，2 秒 24 帧时为 500000，3 秒时为 0。"Emitter"属性设置如图 10-113 所示；"Particle"属性设置如图 10-114 所示；"Shading"属性设置如图 10-115 所示；"Physics"属性设置如图 10-116 所示。此时图层关系如图 10-117 所示，完成效果如图 10-118 所示。

10）执行"图层"→"新建"→"摄像机"，参数保持默认。并在 1 秒与 8 秒的位置为摄像机设置动画，如图 10-119 所示。完成效果如图 10-120 所示。

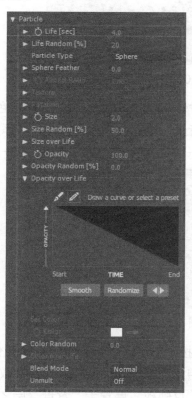

图 10-113　"Emitter"属性设置　　　　图 10-114　"Particle"属性设置

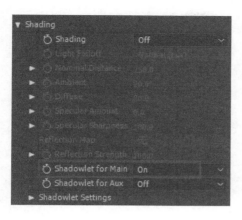

图 10-115　"Shading"属性设置

图 10-116　"Physics"属性设置

图 10-117　图层关系

图 10-118　"粒子"层完成效果

图 10-119　1 秒与 8 秒位置摄像机动画

图 10-120　完成效果

 课后作业与练习

1）尝试学习本书未介绍的 Trapcode 特效插件的使用方法。

2）用 Trapcode Particular 插件模拟礼花效果。

AE

第 11 章

电视栏目包装

本章将讲解 After Effects 在电视栏目包装中的应用方法。通过《流光舞台》和《标志演绎》电视栏目包装实例的制作全过程,再现全程制作技法。通过本章的学习,让读者不仅可以看到成品的栏目包装效果,而且可以学习到栏目包装的制作方法和技巧。

教学目标与知识点

教学目标

1)训练综合项目设计与制作能力。
2)掌握电视栏目包装设计的特点。
3)掌握电视栏目包装制作的工作流程。

知 识 点

1)综合项目的设计方法。
2)电视栏目包装项目的特点。
3)进一步掌握 After Effects 综合特效应用的方法。

【授课建议】

总学时:10 学时(450min)

教 学 内 容	教 学 手 段	建议时间安排/min
电视栏目包装概念与设计制作流程	视频作品演示与讲解	225
流光舞台	效果演示与操作讲解	
标志演绎	学生操作	220
课程总结 布置课后作业与练习	讲解	5

11.1　电视栏目包装概念与设计制作流程

11.1.1　电视栏目包装的概念

电视栏目包装是指一个电视台的电视频道、电视栏目、电视专题片或电视剧开头用于营造气氛、烘托气势，呈现作品名称、开发单位、作品信息的一段影音材料。

11.1.2　After Effects 电视栏目包装设计制作流程

电视栏目包装主要包括栏目 Logo、栏目标题、背景和配音等，栏目包装、设计、制作的一般工作流程如下。

第一步：栏目包装的场景设计，包括设计栏目的 Logo；设计栏目标题文字组合样式；栏目背景和其他装饰元素的样式等。

第二步：收集相关素材、配音、背景音乐。

第三步：制作场景，包括标题、背景、装饰元素、灯光、摄像机等。

第四步：设计分镜头，利用镜头表现栏目主题。

第五步：合成各分镜头。

第六步：渲染输出成品动画。

11.2　电视栏目包装——《流光舞台》

本节设计一个"流光舞台"实例，将应用图层的三维属性、摄像机动画、Optical Flares 和 Trapcode Particular 特效，完成效果如图 11-1 所示。

图 11-1　"流光舞台"实例完成效果

11.2.1　舞台背景

1）启动 After Effects，执行菜单栏中的"合成"→"新建合成"命令，新建一个合

成。设置"合成名称"为"流光舞台"，预设为"HDTV 1080
25"，长宽比为"方形像素"，帧速率为 25 帧/秒，持续时
间为 10 秒。

图 11-2 舞台.jpg 设置

2）在项目窗口中双击，导入素材→11 章→11.2→舞
台.jpg，并将其置入"流光舞台"合成中，开启图层的三维
属性 ，参数设置如图 11-2 所示。

3）选择菜单栏中的"图层"→"新建"→"摄像机"
选项，设置参数如图 11-3 所示。设置摄像机动画如图 11-4 所示。

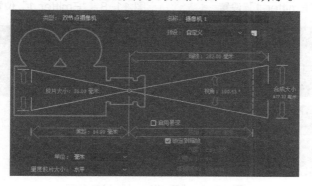

图 11-3 摄像机设置

图 11-4 摄像机动画设置

4）返回"舞台"层，为其添加"效果"→"颜色校正"→"色阶"特效，设置如图
11-5 所示。完成效果如图 11-6 所示。

图 11-5 "色阶"设置

图 11-6 "舞台"层完成效果

11.2.2 灯光

1）选择菜单栏中的"图层"→"新建"→"灯光"选项，并将灯光命名为"Emitter

1"。设置参数如图 11-7 所示，灯光颜色为（R：213，G：75，B：0）。

2）设置"Emitter 1"的"位置"动画如图 11-8 所示，"强度"动画如图 11-9 所示。

图 11-7 "Emitter 1"设置

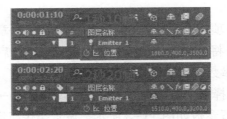
图 11-8 "Emitter 1"位置动画

图 11-9 "Emitter 1"强度动画

3）选择"Emitter 1"，按"Ctrl+D"组合键复制并命名为"Emitter 2"，设置"Emitter 2"的"位置"动画如图 11-10 所示。设置"Emitter 2"的"强度"动画如图 11-11 所示。

图 11-10 "Emitter 2"位置动画

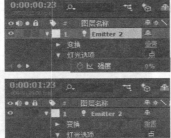

图 11-11 "Emitter2"强度动画

4）选择"Emitter 1"，按"Ctrl+D"组合键复制并命名为"Emitter 3"，调整灯光颜色（R：35，G：66，B：255）。设置"Emitter 3"的"位置"动画如图 11-12 所示。"强度"参数保持不变。

5）选择"Emitter 2"，按"Ctrl+D"组合键复制并命名为"Emitter 4"，调整灯光颜色（R：35，G：66，B：255）。设置"Emitter 4"的"位置"动画如图 11-13 所示。"强

度"参数保持不变。

图 11-12 "Emitter 3"位置动画

图 11-13 "Emitter 4"位置动画

6）执行菜单栏中的"图层"→"新建"→"空对象"命令，将新建图层名称修改为"黄色流光控制"并开启层的三维属性，设置层的位置动画如图 11-14 所示。

图 11-14 "黄色流光控制"层位置动画

7）将时间线调整到 2 秒 20 帧的位置。选择"Emitter 1"与"Emitter 2"层，将它们的"父级"设置为"黄色流光控制"层，如图 11-15 所示。

图 11-15 Emitter 1"与"Emitter 2""父级"设置

8）执行菜单栏中的"图层"→"新建"→"空对象"命令，将新建图层名称修改为"蓝色流光控制"并开启层的三维属性，设置层的位置动画如图 11-16 所示。

图 11-16 "蓝色流光控制"层位置动画

9）将时间线调整到 2 秒 20 帧的位置。选择"Emitter 3"与"Emitter 4"层，将它们的"父级"设置为"蓝色流光控制"层，如图 11-17 所示。

10）1 秒 10 帧时的效果如图 11-18 所示。

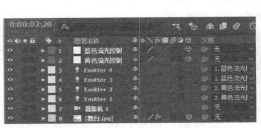

图 11-17 "Emitter 3"与"Emitter 4""父级"设置   图 11-18 1 秒 10 帧时的效果

11.2.3 流光粒子

1）按"Ctrl+Y"组合键，创建纯色层"流光粒子 1"，为其添加"效果"→"Trapcode"→"Particular"特效。

2）展开"Emitter"选项，为"Particles/sec"设置动画，1 秒 10 帧时为 0，2 秒时为 3000，其余属性设置如图 11-19 所示。

3）展开"Particle"选项，属性设置如图 11-20 所示。

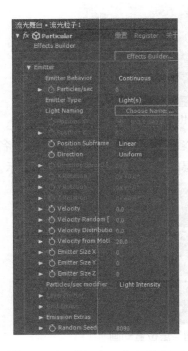

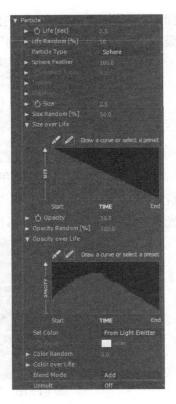

图 11-19 "Emitter"属性设置   图 11-20 "Particle"属性设置

4）展开"Physics"选项，属性设置如图 11-21 所示。

5）选择"流光粒子 1"层，按"Ctrl+D"组合键复制并命名为"流光粒子 2"层。

6）对"流光粒子 2"层的"Particula"特效进行设置，"Emitter"属性设置如图 11-22 所示；"Particle"属性设置如图 11-23 所示；"Physics"属性设置如图 11-24 所示。

7）4 秒时的效果如图 11-25 所示。

图 11-21 "Physics"属性设置

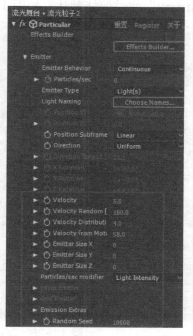

图 11-22 "Emitter"属性设置

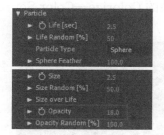

图 11-23 "Particle"属性设置

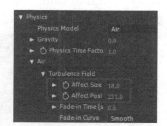

图 11-24 "Physics"属性设置

图 11-25 4 秒时的效果

11.2.4　光斑特效

1）按"Ctrl+Y"组合键，创建纯色层"光斑"，为其添加"效果"→"Video Copilot"→"Optical Flares"特效。

2）单击"Optical Flares"特效的"Options"属性，对光斑进行编辑。仅保留 1 个"Glow"与"Spike Ball"属性，并添加一个"Streak"属性，设置"Glow"属性的"Brightness"为 200，"Scale"为 4.5％。设置"Spike Ball"属性的"Brightness"为 100，"Scale"为 51％。"Streak"属性保持默认，如图 11-26 所示。

图 11-26　"Optical Flares"属性

3）将"Glow""Spike Ball"与"Streak"属性的 Colorize—Color Source 都修改为"Global"，如图 11-27 所示。

图 11-27　Color Source 设置

4）修改"GLOBAL PARAMETERS"选项的 Global Color"为（R：8，G：93，B：189）。修改"GLOBAL PARAMETERS"→"Common Settings"→"Scale"为 38％，保存设置，如图 11-28 所示。

5）返回"Optical Flares"层级，设置参数如图 11-29 所示。4 秒时的效果如图 11-30 所示。

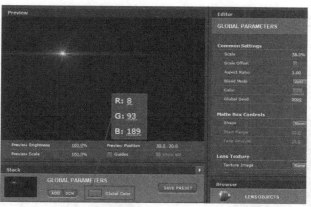

图 11-28　Global Color 与 Scale 设置

图 11-29　Optical Flares 设置

图 11-30　4 秒时的效果

11.2.5　转场光

1）按 "Ctrl+Y" 组合键，创建纯色层 "转场光"，为其添加 "效果" → "Video Copilot" → "Optical Flares" 特效，将层的起点设置为 7 秒 13 帧。

2）设置 "Optical Flares" 特效的 "Brightness" 属性动画，7 秒 13 帧时为 0，8 秒 13 帧时为 500，10 秒时为 120。设置 "Color" 为（R：202，G：207，B：255）。其他参数设置如图 11-31 所示。8 秒 13 帧时的效果如图 11-32 所示。

图 11-31　"Brightness" 属性动画

图 11-32　8 秒 13 帧时的效果

11.2.6 定版文字

1）选择工具栏上的"文字工具"，在合成中输入文字"流光舞台"，"字符"面板设置如图 11-33 所示。位置设置如图 11-34 所示。将层的起点设置为 8 秒 13 帧。

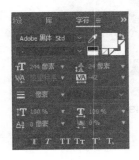

图 11-33 "字符"面板设置   图 11-34 位置设置

2）选择"流光舞台"层，执行菜单栏中的"效果"→"生成"→"梯度渐变"选项，设置参数如图 11-35 所示。继续为其添加"效果"→"透视"→"斜面 Alpha"，设置参数如图 11-36 所示。

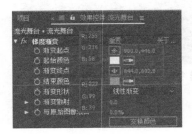
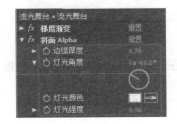

图 11-35 "梯度渐变"设置   图 11-36 "斜面 Alpha"设置

3）为"流光舞台"文字层设置"不透明度"动画，8 秒 13 帧时为 0，9 秒 13 帧时为 100。

4）在项目面板中双击，导入素材→11 章→11.2→音频，将其置入最底层，此时时间线面板如图 11-37 所示。至此完成了"流光舞台"整体的制作。

图 11-37 时间线面板

11.3 电视栏目包装——《标志演绎》

本节设计一个"标志演绎"实例，将应用图层的三维属性、摄像机动画、Optical Flares、Trapcode Particular、CC Particle World 等特效，完成效果如图 11-38 所示。

图 11-38 "标志演绎"实例完成效果

11.3.1 立体标志

1）启动 After Effects，执行菜单栏中的"合成"→"新建合成"命令，新建一个合成。设置"合成名称"为"立体标志"，预设为"HDTV 1080 25"，长宽比为"方形像素"，帧速率为 25 帧/秒，持续时间为 10 秒。

2）在项目窗口中双击鼠标左键，导入素材→11 章→11.3→标志，将其置入"立体标志"合成中，并将名称修改为"标志 1"，开启图层的三维属性▧，参数设置如图 11-39 所示。

3）选择"标志 1"层，执行菜单栏中的"效果"→"生成"→"梯度渐变"选项，设置参数如图 11-40 所示。此时效果如图 11-41 所示。

4）选择"标志 1"层，按"Ctrl+D"组合键复制图层并命名为"标志 2"，修改"位置"参数如图 11-42 所示。将"标志 2"层的"梯度渐变"效果删除，然后选择菜单栏中的"效果"→"生成"→"填充"选项，将"颜色"修改为黑色，如图 11-43 所示。此时效果如图 11-44 所示。

图 11-39 "标志 1"设置

图 11-40 "梯度渐变"设置

图 11-41　"标志 1"效果

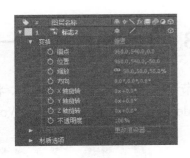

图 11-42　"标志 2"位置

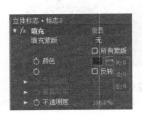

图 11-43　"填充"设置

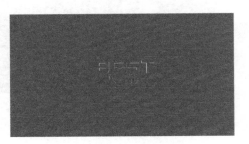

图 11-44　"标志 2"效果

5）再次选择"标志 1"层，按"Ctrl+D"组合键复制图层并命名为"标志 3"，并将"标志 3"层置于"标志 2"层之上，然后设置"位置"参数如图 11-45 所示。完成效果如图 11-46 所示。

图 11-45　"标志 3"位置

图 11-46　"标志 3"效果

11.3.2　标志聚集

1）按"Ctrl+N"组合键，新建合成"标志聚集"，设置预设为"HDTV 1080 25"，长宽比为"方形像素"，帧速率为 25 帧/秒，持续时间为 10 秒。

2）将"立体标志"作为图层置于合成中，并开启图层的三维属性⬚。

3）按"Ctrl+Y"组合键新建纯色层"粒子"，为"粒子"层添加"效果"→"Trapcode"→"Particular"，设置"Emitter"选项参数，如图 11-47 所示。设置"Particle"选项参数，如图 11-48 所示。设置"Physics"选项参数，如图 11-49 所示，并在 0 秒和 5 秒时为"Affect Size"和"Affect Position"设置动画，如图 11-50 所示。

4）为"粒子"层，添加"效果"→"风格化"→"发光"特效，设置参数如图 11-51

所示。此时效果如图 11-52 所示。

图 11-47 "Emitter"选项设置

图 11-48 "Particle"选项设置

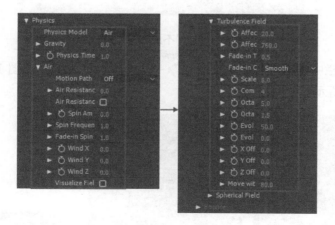

图 11-49 "Physics"选项设置

图 11-50 为"Affect Size""Affect Position"设置动画

图 11-51　"发光"设置　　　　　　图 11-52　"发光"效果

5）将"粒子"层的"发光"特效复制到"立体标志"层，并为其设置"发光强度"动画，如图 11-53 所示。

图 11-53　"发光强度"动画

6）为"立体标志"层与"粒子"层的"不透明度"设置动画，如图 11-54 所示。

图 11-54　"不透明度"动画

7）执行菜单栏中的"图层"→"新建"→"摄像机"命令，如图 11-55 所示。调整参数如图 11-56 所示。

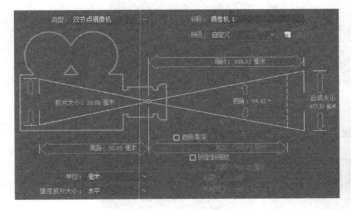

图 11-55　摄像机设置　　　　　　图 11-56　摄像机参数

8）设置摄像机的"位置"动画，如图 11-57 所示。

9）1 秒时的效果如图 11-58 所示。

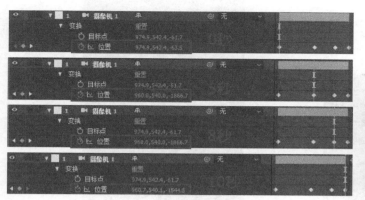

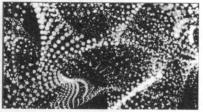

图 11-57 摄像机"位置"动画

图 11-58 1 秒时的效果

11.3.3 喷射粒子

1）按"Ctrl+N"组合键，新建合成"喷射粒子"，设置预设为"HDTV 1080 25"，长宽比为"方形像素"，帧速率为 25 帧/秒，持续时间为 2 秒 22 帧。

2）按"Ctrl+Y"组合键新建纯色层"喷射 1"，为"喷射 1"层添加"效果"→"Trapcode"→"Particular"，在"Emitter"选项，为"Particles/sec"与"Velocity"设置动画，如图 11-59 所示，其余参数设置如图 11-60 所示。"Particle"选项设置参数如图 11-61 所示。"Physics"选项设置参数如图 11-62 所示。"Rendering"选项设置参数如图 11-63 所示。

图 11-59 为"Particles/sec"与"Velocity"设置动画

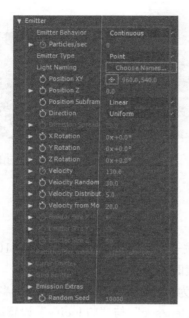

图 11-60 "Emitter"选项设置

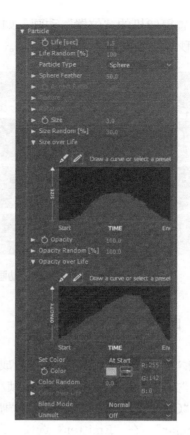

图 11-61 "Particle"选项设置

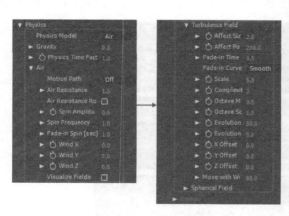

图 11-62 "Physics"选项设置

图 11-63 "Rendering"选项

3）选择"喷射 1"层，按"Ctrl+D"组合键复制并命名为"喷射 2"，修改"喷射 2"层的 Particular→Emitter→Random Seed 参数为 8000。

4）选择"喷射 2"层，按"Ctrl+D"组合键复制并命名为"喷射 3"，修改"喷射 3"层的 Particular→Emitter→Random Seed 参数为 6000。

5）选择"喷射 3"层，按"Ctrl+D"组合键复制并命名为"喷射 4"，修改"喷射 4"

层的 Particular→Emitter→Random Seed 参数为 2000。修改 Particular→Emitter→Velocity 动画参数如图 11-64 所示。

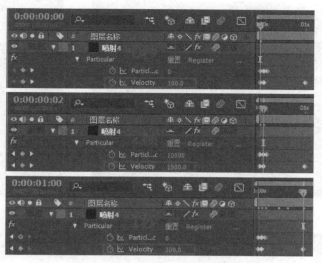

图 11-64　Velocity 动画参数

6）选择"喷射 4"层，按"Ctrl+D"组合键复制并命名为"喷射 5"，修改"喷射 5"层的 Particular→Emitter→Random Seed 参数为 7000。

7）选择"喷射 5"层，按"Ctrl+D"组合键复制并命名为"喷射 6"，修改"喷射 6"层的 Particular→Emitter→Random Seed 参数为 5000。

8）执行菜单栏中的"图层"→"新建"→"调节图层"命令，为"调节图层"添加"效果"→"风格化"→"发光"特效，设置参数如图 11-65 所示。选择"发光"特效，按"Ctrl+D"组合键复制并命名为"发光 2"特效，设置参数如图 11-66 所示。

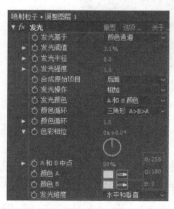

图 11-65　"发光"设置

图 11-66　"发光 2"设置

9）执行菜单栏中的"图层"→"新建"→"摄像机"命令如图 11-67 所示。调整参数如图 11-68 所示。

10）开启"喷射 1""喷射 2""喷射 3""喷射 4""喷射 5"和"喷射 6"层的运动模糊属性，以及时间线的运动模糊开关，如图 11-69 所示，完成的效果如图 11-70 所示。

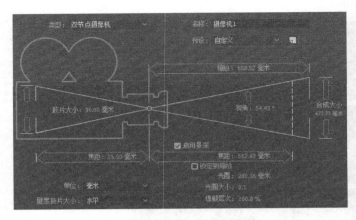

图 11-67　摄像机参数

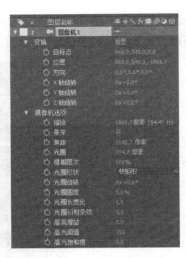

图 11-68　摄像机设置

图 11-69　"喷射 1～6"设置

图 11-70　完成效果

11.3.4　CC 上升粒子

1）按"Ctrl+N"组合键，新建合成"CC 上升粒子"，设置预设为"HDTV 1080 25"，长宽比为"方形像素"，帧速率为 25 帧/秒，持续时间为 10 秒。

2）按"Ctrl+Y"组合键新建纯色层"上升粒子 1"，为"上升粒子 1"层添加"效果"→"模拟"→"CC Particle World"，设置 Grid & Guides、Birth Rate 与 Longevity（sec）项的参数如图 11-71 所示，设置 Producer 与 Physics 选项的参数如图 11-72 所示，设置 Particle 参数如图 11-73 所示。

3）为"上升粒子 1"层添加"效果"→"风格化"→"发光"特效，设置参数如图 11-74 所示。

图 11-71 基础设置

图 11-72 "Producer" "Physics" 选项设置

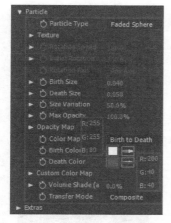

图 11-73 "Particle" 参数设置

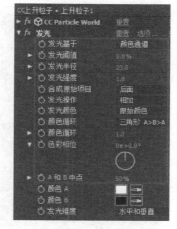

图 11-74 "发光" 设置

4）选择"上升粒子 1"层，按"Ctrl+D"组合键复制并命名为"上升粒子 2"，修改"上升粒子 2"层的 CC Particle World 特效，Birth Rate 项为 1，Producer 项下的 Position X 为 0.1、Position Y 为 0.46，Physics 项下的 Extra Angle 为 1x+28.0°，Particle 项下的 Birth Size 为 0.1。

5）选择"上升粒子 2"层，按"Ctrl+D"组合键复制并命名为"上升粒子 3"，修改"上升粒子 3"层的 CC Particle World 特效，Producer 项下的 Position X 为 0.3、Position Y 为 0.56，Particle 项下的 Birth Size 为 0.16、Death Size 为 0.2。完成的效果如图 11-75 所示。

图 11-75 完成效果

11.3.5 地图聚集

1）按"Ctrl+N"组合键，新建合成"地图聚集"，设置预设为"HDTV 1080 25"，长宽比为"方形像素",帧速率为 25 帧/秒,持续时间为 5 秒。

2)在项目窗口中双击鼠标,导入素材→11 章→11.3→地图,将其置入"地图聚集"合成中,开启图层的三维属性⊡,并关掉层的显示。

3)按"Ctrl+Y"组合键新建纯色层"聚集",为"聚集"层添加"效果"→"Trapcode"→"Particular",设置"Emitter"选项参数如图 11-76 所示。设置 Particle 选项参数如图 11-77 所示。设置 Physics→Air→Turbulence Field→Affect Size、Affect Position 与 Physics→Air→Spherical Field→Strength、Radius 动画如图 11-78 所示,其余参数设置如图 11-79 所示。

4)选择"聚集"层,执行菜单栏中的"效果"→"生成"→"填充"选项,设置参数如图 11-80 所示。

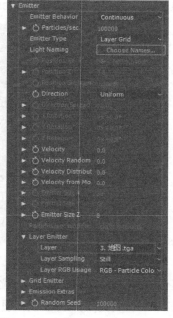

图 11-76 "Emitter"选项设置

图 11-77 "Particle"选项设置

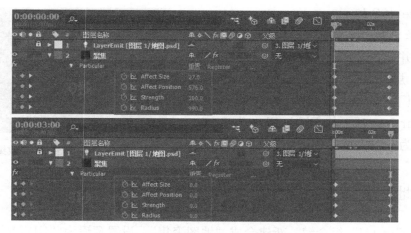

图 11-78 "Radius"动画设置

图 11-79　其余参数设置

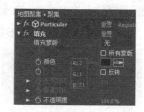

图 11-80　"填充"设置

5）继续为"聚集"层添加"效果"→"风格化"→"发光"，设置参数如图 11-81 所示。完成的效果如图 11-82 所示。

图 11-81　"发光"设置

图 11-82　完成效果

11.3.6　标志演绎

1）按"Ctrl+N"组合键，新建合成"标志演绎"，设置预设为"HDTV 1080 25"，长宽比为"方形像素"，帧速率为 25 帧/秒，持续时间为 10 秒。

2）在项目窗口中双击鼠标，导入素材→11 章→11.3→背景，将其置入"标志演绎"合成中，并开启图层的三维属性 。

3）选择"背景"层，绘制圆形蒙版如图 11-83 所示。设置如图 11-84 所示。

4）按"Ctrl+Y"组合键新建纯色层"噪波"，开启图层的三维属性 。为"噪波"层添加"效果"→"杂色和颗粒"→"分形杂色"，设置"演化"动画，0 秒时为 0x+0.0°，10 秒时为 2x+0.0°，其余参数设置如图 11-85 所示。为"噪波"层添加"效果"→"模糊和锐化"→"快速模糊"，设置如图 11-86 所示。设置层的"不透明度"为 40%，并利用钢笔工具为层绘制如图 11-87 所示的蒙版。效果如图 11-88 所示。

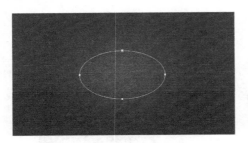

图 11-83　蒙版形状

图 11-84　蒙版设置

图 11-85　"分形杂色"设置

图 11-86　"快速模糊"设置

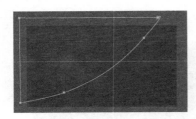

图 11-87　绘制蒙版

图 11-88　"快速模糊"效果

5）将"地图聚集"置入合成中，开启图层的三维属性🔲。并将开始时间调整到 5 秒，将层的模式设置为"较浅的颜色"，此时图层关系如图 11-89 所示。

图 11-89　图层关系

6）将"喷射粒子"置入合成中，并将开始时间调整到 2 秒 4 帧，层的模式设置为"屏幕"。

7）按"Ctrl+Y"组合键新建纯色层"喷射粒子光晕"。将该层的开始时间调整到 2 秒 4 帧，并为其添加"效果"→"生成"→"镜头光晕"，设置"光晕亮度"动画，2 秒 4 帧时为 0%，2 秒 7 帧时为 110%，3 秒 4 帧时为 0%，其余参数设置如图 11-90 所示。再为层添加"效果"→"颜色校正"→"色调"，参数保持默认，继续为层添加"效果"→"颜色校正"→"曲线"，设置如图 11-91 所示。最后将层的模式设置为"屏幕"，完成效果如图 11-92 所示。

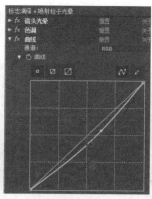

图 11-90 "镜头光晕"设置　　　图 11-91 "曲线"设置　　　图 11-92 完成效果

8）选择"喷射粒子光晕"层，按"Ctrl+D"组合键复制并命名为"黄色光晕"层，去除"镜头光晕"的动画属性，并调整"镜头光晕"参数如图 11-93 所示。将层的模式设置为"屏幕"。

9）选择"黄色光晕"层，按"Ctrl+D"组合键复制并命名为"蓝色光晕"层，并调整"镜头光晕"参数如图 11-94 所示，调整"曲线"参数如图 11-95 所示。将层的模式设置为"屏幕"。

图 11-93 "黄色光晕"层设置　　　　图 11-94 "蓝色光晕"层设置

10）将"标志聚集"与"CC 上升粒子"置入合成中。并将开始时间调整到 0 秒，将这两个层的模式都设置为"屏幕"。

11）按"Ctrl+Y"组合键新建纯色层"黑色边框"。为层添加矩形遮罩，并将遮罩模式设置为"相减"，效果如图 11-96 所示。

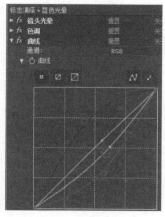 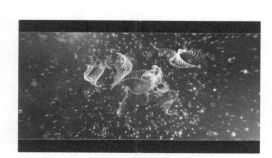

图 11-95 "曲线"设置　　　　图 11-96 蒙版效果

209

12）将"标志聚集"合成中的摄像机，复制到该合成，自此就完成了"标志演绎"动画的全部制作，完成后时间线如图 11-97 所示。

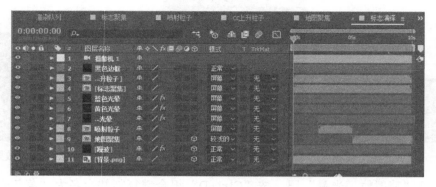

图 11-97　时间线效果

 课后作业与练习

1）分析《设计快讯》电视栏目包装源文件，并利用提供的素材，练习制作《设计快讯》栏目包装。

2）收集相关素材，进行电视栏目包装创作。

参 考 文 献

[1] 李涛. Adobe After Effects CS4[M]. 北京：人民邮电出版社，2009.

[2] 铁钟. After Effects CC 高手成长之路[M]. 北京：清华大学出版社，2014.

[3] 水木居士. After Effects 全套影视特效制作典型实例[M]. 北京：人民邮电出版社，2014.

[4] 精鹰传媒. After Effects 印象 影视高级特效精解[M]. 2 版. 北京：人民邮电出版社，2016.